航天器软件测试技术与实践

侯成杰　江云松　编著

国防工业出版社

·北京·

内 容 简 介

本书系统地阐述了软件测试的基本概念，讲解了航天器软件测试的各种基本方法和技术。在此基础上，介绍了航天器软件工程概况和研制技术流程，重点讲解了测试覆盖性分析技术、航天器软件测试环境搭建技术、资源访问冲突分析技术、代码更动影响域分析技术等航天器软件测试的几项关键技术，并介绍了这些技术和方法在航天器软件各阶段测试过程中的应用。此外书中还对一些航天器软件典型故障案例进行了分析，希望可以帮助测试人员积累经验，提高技术水平。

本书适合具有一定测试经验的人员使用，也可供从事航天器等领域的软件研制和管理工作人员参考。

图书在版编目（CIP）数据

航天器软件测试技术与实践 / 候成杰，江云松编著. —北京：国防工业出版社，2017.6
ISBN 978-7-118-11382-2

Ⅰ. ①航…　Ⅱ. ①候… ②江…　Ⅲ. ①航天器—应用软件—测试　Ⅳ. ①V4-39

中国版本图书馆 CIP 数据核字（2017）第 164390 号

※

国防工业出版社出版发行

（北京市海淀区紫竹院南路 23 号　邮政编码 100048）
三河市腾飞印务有限公司印刷
新华书店经售
*
开本 787×1092　1/16　印张 7¼　字数 198 千字
2017 年 6 月第 1 版第 1 次印刷　印数 1—2000 册　定价 50.00 元

（本书如有印装错误，我社负责调换）

国防书店：（010）88540777　　　发行邮购：（010）88540776
发行传真：（010）88540755　　　发行业务：（010）88540717

前　言

　　软件测试是航天器软件研制过程的一个重要阶段。随着航天器软件工程化的不断推进以及航天器软件规模和复杂性越来越大，对于航天器软件测试的技术要求也越来越高。航天器软件以嵌入式软件为主，因此面向嵌入式软件的各项基本测试技术都可以应用在航天器软件的测试过程中。航天器软件具有安全性和可靠性要求高、不易维护、实时性要求高等技术特点。航天器软件研制和测试人员在各类航天器软件研制的工程实践中积累了一些成功的技术经验，并对一些基本的测试技术进行了深化和发展，形成了一些独特的针对航天器软件测试领域的技术。

　　作者从事航天器软件测试工作20余年，先后负责过载人航天、探月工程、各种卫星等国家重点型号的数百个航天器关键软件的测试工作。从2006年起担任中国空间技术研究院软件专家组成员，先后独立或者参与编制多份航天器软件测试、航天器软件产品保证方面的技术标准。作为评审专家先后参与过多个重大型号的数百个软件的出厂专项评审工作，并先后为航天各院所、中电集团、中科院等从事航天器软件研制工作的单位软件研制和测试人员授课50余次。

　　本书结构合理，内容丰富，既有测试基本技术的介绍，又有结合最新航天器软件工程实践对基本技术的讲解，也有对最新航天器软件故障问题案例的分析和总结，对于从事航天器软件研制、测试的技术和管理人员提供了技术总结和经验教训分析。本书适用于从事航天器软件研制、测试的技术人员和管理人员、质量管理人员、型号两总系统人员，也可以作为软件研制和监督检查的参考书。希望本书能为提高航天器软件测试水平、保障型号任务成功贡献微薄力量。

　　侯成杰同志负责全书统稿，并负责编写了第1～7章的主要内容。董燕同志参与了第4.1节、4.4节的编写工作，陈睿同志参与了第5.2、5.3节的编写工作，江云松同志参与了第6.4、6.5节的编写工作，高猛同志参与了第7.1、7.2节的编写工作，左万娟同志参与了第7.3节的编写工作。

　　本书在编写过程中，参阅了大量的国内外图书、标准、规范、报告、论文，吸纳并借鉴了许多专家和学者的研究成果和实践经验，在此表示衷心感谢！由于本人水平有限，书中难免有谬误和不妥之处，恳请同行专家、学者和广大读者批评指正。

侯成杰

目　　录

第1章　软件测试定义

1.1　概　　述

什么是软件测试？软件测试的目的是什么？软件测试的目的到底是为了发现问题还是验证软件没有问题呢？

针对上述问题的答案一直存在争议。著名的软件测试专家 G.J.Myers 在《软件测试艺术》一书中给出了如下的观点：

（1）测试是为了发现程序中的错误而执行程序的过程。

（2）好的测试方案是最可能发现迄今为止尚未发现错误的测试方案。

（3）成功的测试是发现了至今为止尚未发现错误的测试。

根据这个观点，软件测试是以查找错误为中心的，而不是为了演示软件功能的正确性。

当然不要认为发现错误是软件测试的唯一目的，查找不出错误的测试同样具有价值。通过软件测试找出软件存在的错误，分析错误产生的原因和错误的发生趋势，可以帮助项目管理者发现当前软件开发过程中的缺陷，以便及时进行改进。

同时，对于软件错误的分析也能帮助测试人员改进测试方法，优化测试用例，提高测试效率。没有发现错误的测试同样有价值，完整的测试是评价软件质量的一种方法。

1.2　软件测试的基本原则

软件测试的基本原则，包括独立性原则、尽早开始原则、正常异常组合原则、可复现原则、80-20 原则、有序原则等，下面分别进行说明。

1.2.1　独立性原则

独立性原则是指：为了达到最佳效果，最好由独立于开发者的其他人员来测试软件。这种独立既可以是同组的其他人员，也可以是不同的软件小组，当然也可以是不同的部门甚至是独立的第三方测试机构。

1.2.2　尽早开始原则

尽早开始原则是指：越早开始测试，发现缺陷后修改的代价就越小。同时在测试开始执行前提早进行被测软件的背景理解、计划制定、用例设计和测试环境搭建等准备工作。例如，测试计划可以在需求分析一完成就开始，测试用例设计可以在设计一完成就开始。

1.2.3 正常异常组合原则

正常异常组合原则是指：设计测试用例时不仅要考虑合理的输入条件，更要注意不合理的输入条件。而且要注意：不同的异常输入条件之间要输入一组正常输入条件使软件恢复正常，否则很有可能出现发生了异常，但是却无法判断是前次输入的异常输入条件还是后输入的异常输入条件起了作用。

1.2.4 可复现原则

可复现原则是指：软件测试过程应该可复现，测试中发现的软件缺陷都应该能以规范的方式重现，而不能依赖于某些随机因素。应对测试用例和测试环境进行改进，以确保软件测试能够复现。

1.2.5 80-20 原则

80-20 原则是指：发现问题多的地方，隐藏的问题也多。因此针对发现问题多的软件或者模块，应进行重点测试。

1.2.6 有序原则

有序原则是指：软件测试应该是个有计划、有组织的过程，不同阶段的测试活动侧重于从不同层次发现软件不同方面的设计缺陷。如单元测试侧重于软件详细设计和代码质量，确认测试侧重于软件功能和性能与需求的符合性。不进行单元测试而直接进行确认测试，并寄希望在确认测试中发现单元测试能发现的问题，是不现实也是不科学的。

1.3 基 础 概 念

首先需要明确一些软件测试的基础概念，包括测试目标、测试对象、测试依据、软件缺陷等。理解了这些概念，才能对后续内容有更好的理解。

1.3.1 测试目标

在抽象模型中，测试目标包括指定的被测软件、要考察的质量属性和对测试对象如何使用测试结果信息的描述。在实际测试中，可以具体化为发现软件的缺陷、验证软件的功能、评价软件的性能及提高软件的可靠性等。

1.3.2 测试对象

测试对象指具有被测属性的软件实体。测试对象具有被测属性和软件实体两个重要属性。

软件实体是一个内涵十分广泛的词语，它可以定义为软件产品的集合，包括程序代码和各种规格说明。具体来说，典型的测试对象包括软件代码或代码的子集（某个函数或者程序模块）、需求规格说明、软件的体系结构、软件的设计文档以及其他软件生命周期中的相关产品。

被测属性是测试对象的核心，它是指软件实体具有的可以被测试的某种固有属性。一个软件实体具有许多固有属性，例如功能属性、性能属性等。只有在明确指定了测试中要考察的属性类型时，一个软件实体才可以被称为测试对象，否则它仍然只是一个软件实体。测试属性是决定测试中其他对象的基础。例如，如果只说要对一个嵌入式软件进行测试，而没有说明对软件的何种属性进行测试，这种测试是无从下手的，因为并不知道是进行功能、性能还是强度测试，也无法确定测试的依据是什么，更不要说采用什么样的测试策略了。

1.3.3 测试依据

测试依据是指根据测试目标制定的能够对测试对象做出明确判断并得到测试结果的标准。

测试依据一般要具备两个条件：合法性条件和唯一性条件。

（1）合法性条件要求测试依据与测试对象之间要具有某种合理的关系，使其可以作为测试结果的判断标志。一般来说，测试依据的内容一定要包含测试对象的相关信息，尤其是测试对象中测试属性的详细资料。例如，通常选择需求规格说明作为软件功能测试的依据，选择某种成熟的覆盖率准则作为单元测试的依据。合法性条件是测试依据存在的前提。

（2）唯一性条件是明确测试结果的必要条件，也是任何一个测试依据所必须具备的。实际上测试依据和测试对象有许多重叠的部分。软件开发是一个递进的过程，一个阶段的产品往往会作为下一个阶段产品的依据，同时也被作为测试依据。因此同一个软件产品可能会在不同阶段作为测试对象和测试依据两种角色。

1.3.4 软件缺陷

一般将测试对象与测试依据之间的不匹配称为缺陷。在软件测试活动中有多个术语用来表示软件与相关依据之间的不一致情况，包括失效、故障、缺陷等，这些概念经常容易混淆，下面分别进行解释说明。

（1）失效（failure）。失效是软件运行时的表现。

（2）故障（fault）。故障是发生失效的原因所在。

（3）缺陷（defect）。缺陷是程序中一种潜在不安全因素，特定的输入触发了程序的缺陷时，软件才会发生故障继而导致失效。

一般可以采用简化的关系，认为缺陷存在可能导致软件表现出失效。

1.4　软件测试的分类

软件测试通常有以下几种分类方法。

按照对被测对象内部实现情况的了解程度，软件测试可分为：

（1）白盒测试。

（2）黑盒测试。

（3）灰盒测试。

按照是否执行被测系统，软件测试可分为：

（1）静态测试。

（2）动态测试。

按照被测内容，软件测试可分为：

（1）功能测试。

（2）非功能性测试（如性能测试、接口测试等）。

按照测试过程逐步推进的角度，软件测试可分为：

（1）单元测试。

（2）组装测试。

（3）确认测试。

（4）系统测试。

（5）验收测试。

1.5　几个容易混淆的概念

下面再介绍几个测试人员容易混淆的概念，包括测试级别、测试类型、测试项等。

1.5.1　测试级别

测试级别也称测试阶段。是按照测试过程逐步推进的方法进行的分类，对比软件开发过程，测试级别包括单元级（针对模块）、集成级（针对部件）、配置项级（针对单个软件配置项）、系统级（针对由多个软件及硬件组成的系统）。

1.5.2　测试类型

测试类型是一种综合性的分类方法，既包括按照被测内容进行的分类，即功能测试、非功能测试（性能、接口测试、人机交互界面测试、强度测试、余量测试、可靠性测试、安全性测试、恢复性测试、边界测试、数据处理测试等）；又包括按照对被测对象内部了解程度的分类，如逻辑测试（白盒测试）；还包括静态测试的几种不同类型，如文档审查、静态分析、代码审查、代码走查等。

1.5.3　测试项

测试项就是分解后的测试功能项和非功能项，即从测试角度描述的被测软件各功能和性能。

第 2 章　航天器软件工程概况

2.1　航天器软件工程概况

2.1.1　概况

航天器领域的软件工程化工作起步早，为国内其他行业软件工程化的发展起到了重要的引领作用。参照国际标准、国家标准、军用标准，航天领域逐步结合航天型号软件研制特点形成了行业软件标准。各研制单位在此标准体系下结合各自业务活动建立了院标、所标。

2.1.2　载人航天工程的软件工程

在航天软件工程发展中，载人航天工程作为我国航天发展史上规模最大、系统组成最复杂、技术难度最大、安全性最高的一项大型系统工程，对软件工程的探索起步最早，对航天软件工程化的发展起到了促进作用。

目前，航天各型号均制定了软件工程化管理要求及技术文件（标准）。其中软件研制管理要求作为顶层文件，定义了软件研制相关方及其职责，确定了软件研制过程和要求；软件研制技术标准作为管理要求的支撑文件，详细描述了软件研制技术流程、各阶段的工作活动和技术要求，以及测试、评审等工作细则。

2.1.3　航天器软件分级分类管理

航天器软件的一个重要特点是分级分类管理，即把航天器软件按照安全关键等级进行分级管理，按照软件继承性进行分类管理。

2.1.4　软件安全关键等级

按照安全关键级别，可以分为 4 个等级，即 A、B、C、D（安全关键要求从高到低）。其分类依据是软件类别、软件失效后带来的危害以及软件发生失效的概率。

（1）A 级软件是失效可能导致灾难性危害的软件。

（2）B 级软件是失效可能导致严重危害的软件。

（3）C 级软件是失效可能导致轻度危害的软件。

（4）D 级软件是失效可能导致轻微危害的软件。

2.1.5 航天器软件分类

按照软件继承性可以把航天器软件分为Ⅰ类、Ⅱ类、Ⅲ类和Ⅳ类（继承性由高到低），每一类软件的定义及其所采用的不同研制流程参见本书的 2.2 节。后续本书中会多次提到软件安全关键等级和研制类型。简单来说，航天器软件研制实际上就是针对不同安全关键等级、不同类型的软件采用不同研制流程并进行实施的过程。

2.2 航天器软件研制技术流程的划分

一方面为了保证新研软件的质量，要制定研制全过程的技术流程；另一方面为了充分发挥软件重用带来的效率，同时降低软件重用的风险，必须对重用软件的技术状态进行控制和把关，并且根据技术状态制定软件重用的流程。

根据航天器软件研制的特点，以及软件配置项相对于基线配置项的技术状态，航天器软件的研制技术流程共分为 4 类型：

（1）沿用软件。

（2）参数修改软件。

（3）少量功能修改软件。

（4）新研软件。

2.2.1 沿用软件定义

沿用软件也叫做Ⅰ类软件，即已经成功完成飞行试验任务，不加修改即可再次使用的软件配置项。

2.2.2 参数修改软件定义

参数修改软件也叫做Ⅱ类软件，即不更改软件可执行代码的内容，仅修改软件配置参数即可满足任务要求的软件配置项。配置参数通常包括编译时绑定的宏和常量定义，以及固化时写入的配置文件。

2.2.3 少量功能修改软件定义

少量功能修改软件也叫Ⅲ类软件，或称适应性修改软件，指根据任务要求，进行适应性修改、完善设计以及提升关键等级的软件配置项。

2.2.4 新研软件定义

新研软件也叫Ⅳ类软件，即不属于上述 3 类状态的新研制软件配置项。

把航天器软件研制流程进行分类的目的是,对继承性较强的软件可以简化工作过程,从而避免不必要的重复劳动。

2.2.5　新研软件技术流程

针对新研的航天器软件，一般具有如图 2.1 所示的基本研制流程。

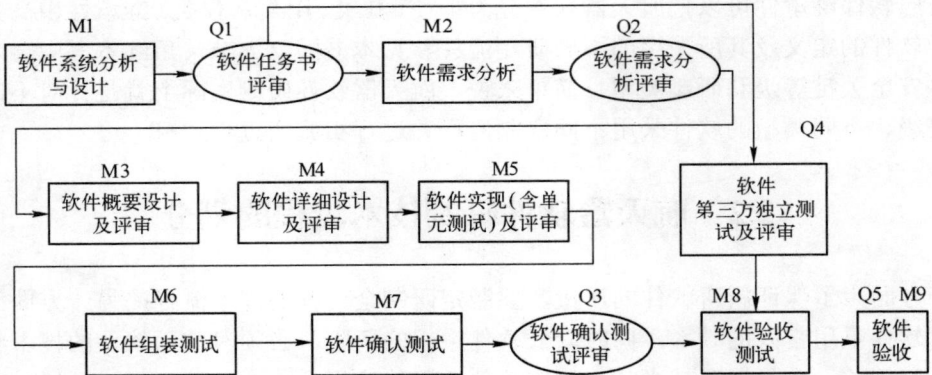

图 2.1　新研软件研制基本流程

新研软件的技术流程是一个完整的型号软件研制技术流程，其他 3 类流程均是在此基础上裁剪而成。

从图 2.1 中可以看出，在软件研制流程中，涉及的测试阶段有单元测试、组装测试、确认测试、第三方独立测试、验收测试。

其中软件验收测试是参照硬件提出的概念，其目的是在软件验收前对软件进行一次完整的测试，以确认软件功能、性能、接口、可靠性、安全性等与软件需求规格说明（任务书）的一致性，针对安全级别要求高的软件还要进行边界测试、强度测试等。由于航天器软件在研制过程中均已进行了各阶段全面测试，一般还要进行第三方独立测试，因此在实际操作过程中验收测试可不再实际进行，而是审查所提交的各阶段测试计划和测试分析报告（包括第三方独立测试的报告），其审查所遵循的要求详见下面。

2.2.6　沿用软件技术流程

对于沿用软件，其简化的研制流程如图 2.2 所示。相比完整的新研软件研制流程，沿用软件技术流程将软件的研制简化为沿用可行性分析和技术状态复核两个工作项目。

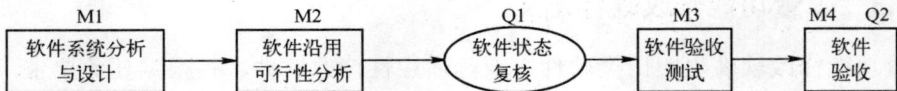

图 2.2　沿用（Ⅰ类）软件研制流程

2.2.7　参数修改软件技术流程

对于参数修改软件，其研制技术流程如图 2.3 所示。参数修改的软件原则上不需重新进行软件设计，但是需重新对有代码更动的部分及受影响的部分重新进行影响分析和回归测试。

8

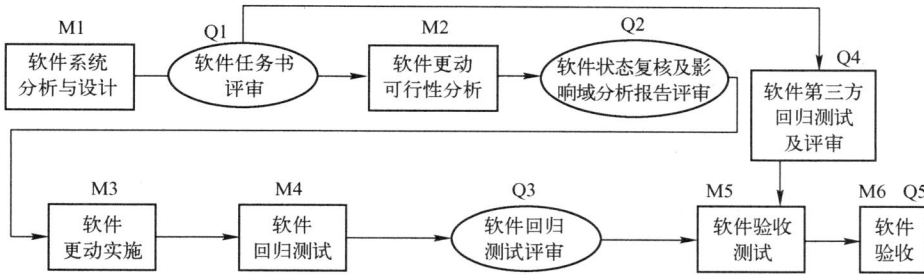

图 2.3　参数修改软件研制技术流程

2.2.8　适应性修改软件技术流程

对于已有较为成熟的基线产品，仅针对局部的部分模块和少量功能进行适应性修改的软件配置项，可采用如图 2.4 所示的技术流程。适应性修改软件研制近似于某一软件配置项在研制过程中因需求变更而产生的一次或多次的版本升级过程。其流程包括软件需求更动分析、软件更动设计、软件更动实现、软件回归测试等工作项目。

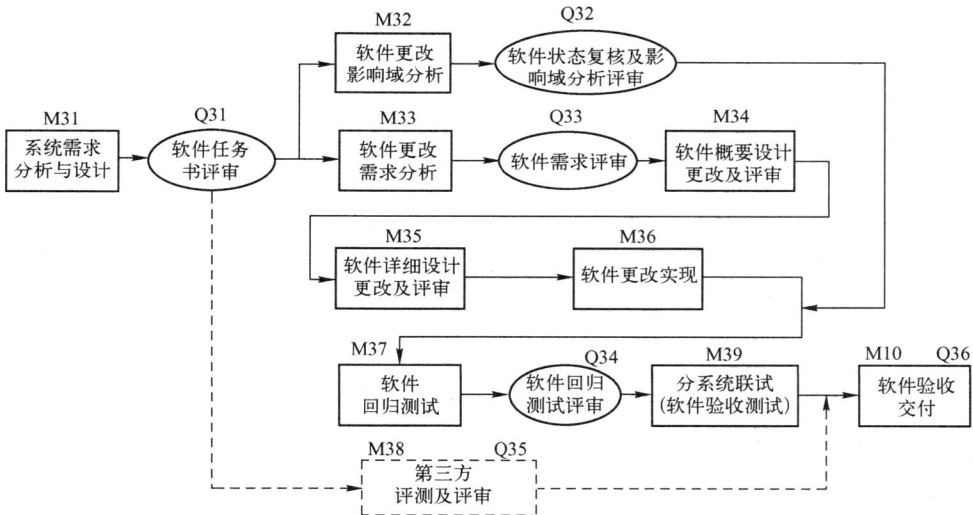

图 2.4　适应性修改软件研制技术流程

2.2.9　确定软件研制技术流程的基本条件

1. 确定为Ⅰ类软件所需具备的条件

确定为Ⅰ类软件应满足如下条件：

（1）与被沿用软件的运行环境一致，或运行环境的变化不会对软件沿用产生影响。

（2）与被沿用软件的任务技术要求一致，或技术要求的变化不会对软件沿用产生影响。

（3）被沿用软件的研制过程应满足软件工程化要求，包括文档、开发、测试、评审等。

（4）被沿用软件在轨飞行试验过程中尚未发现问题，且不存在其他型号应用中发现的相似问题。

2. 确定为Ⅱ类软件需具备的条件

确定为Ⅱ类软件应满足如下条件：

（1）与被修改软件的软、硬件及外部接口环境一致。

（2）与被修改软件在功能和使用方式上一致。

（3）被修改软件的设计中已考虑了可能的修改，具备可供修改的配置参数。

（4）被修改软件的研制过程应满足软件工程化要求，并已经纳入产品库管理。

（5）被修改软件在轨飞行试验过程中尚未发现问题，且不存在其他型号应用中发现的相似问题。

3. 确定为Ⅲ类软件所需具备的条件

确定为Ⅲ类软件应满足如下条件：

（1）与被修改软件在功能和使用方式上一致。

（2）相对被修改软件仅进行适应性更改，不影响原有软件的体系结构：增加、减少少量的软件模块，不影响、不破坏原有模块间的调用关系；修改少量的软件模块，并保持这些模块与原有软件模块间的调用关系。

（3）针对被修改软件，若软件模块数量小于 10 个，则程序修改比率应不大于 5%；如软件模块数量不小于 10 个，则模块修改比率应不大于 10%。

（4）被修改软件的研制过程应满足软件工程化要求，并已经纳入产品库管理。

（5）被修改软件不存在尚未关闭的软件问题。

从上面的要求可以看出，确定为Ⅲ类软件的条件还是很严格的，确实是比较少量的代码修改才属于Ⅲ类软件。这是由于针对Ⅲ类软件要进行更动影响域分析，而该项工作是很容易出现遗漏的。

2.2.10 针对不同研制技术流程的测试要求

采用不同研制技术流程后，其各阶段的测试要求也有所不同，这也正是制定不同研制技术流程的目的之一。

1. 针对Ⅰ类软件的测试要求

针对Ⅰ类软件可不进行专门针对软件的测试，测试的重点放在软硬件匹配性上，主要考核在新目标环境下系统的性能指标是否满足任务要求。

2. 针对Ⅱ类软件的测试要求

针对Ⅱ类软件需在进行参数变更影响域分析的基础上进行回归测试。包括单元测试和确认测试。

在进行单元测试时需分析参数变更可能影响到的函数，并对影响到的函数的所有语句和分支进行覆盖。针对参数修改不能只验证数值是否修改正确，还要测试参数修改对软件功能的影响。本书后面的案例中就有一篇是由于参数更动验证不充分导致最终出现严重故障。

3．针对Ⅲ类软件的测试要求

针对Ⅲ类软件应进行回归测试。软件回归测试应在软件修改所涉及的所有影响域分析的基础上实施，包括单元测试、组装测试、确认测试和第三方独立测试。其中软件单元测试的技术要求为：针对所有更动模块的语句覆盖率和分支覆盖率要达到 100%。

4．针对Ⅳ类软件的测试要求

针对Ⅳ类软件研制过程中发生任何修改，均应进行变更影响域分析，并在软件修改所涉及的所有影响域分析的基础上实施回归测试。

第 3 章　航天器软件测试的基本技术

在实际工程应用中针对航天器软件进行测试时，使用的技术以软件测试的基本技术为主，如静态测试、白盒测试等。此外，由于航天器软件自身的高安全性、可靠性方面的要求，航天器软件测试也有一些常用的"独特"技术，或者是在某些技术方面提出了更高的要求，称为航天器软件测试的"关键"技术。

本章先介绍软件测试的基本技术。

软件测试基本技术（或方法）如图 3.1 所示。

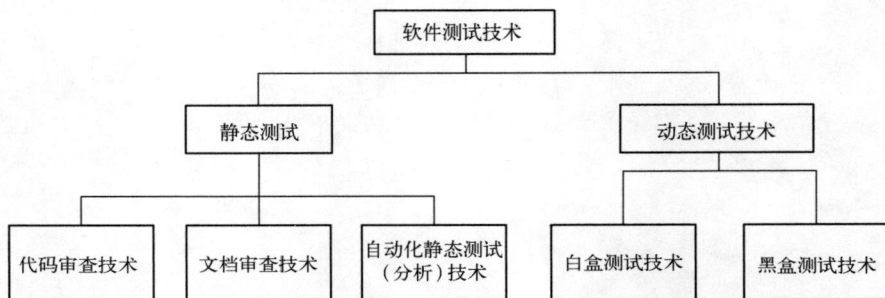

图 3.1　软件测试技术基本分类

3.1　航天器软件的静态测试

静态测试是不执行程序代码而寻找程序代码中可能存在的缺陷以及评估程序代码的过程。静态测试可以手工进行，也可以借助工具进行。手工进行的静态测试主要指代码审查、代码走查、文档审查等，而借助工具进行的静态测试也称为静态分析。

静态测试的特点：比较常见的静态测试都是面向源程序进行的（也有面向可执行程序或者目标代码的），因此相比较动态测试而言，其发现问题比较容易定位。借助工具进行的静态分析效率也比较高，相应地，其实施成本也较低。

3.1.1　自动化静态分析技术

自动化静态分析是指借助自动化工具进行的静态测试。主要包括编程规范检查、控制流分析、数据流分析、度量分析等。

1．软件编程规范检查

1）航天器软件编程规范

目前航天器软件研制中主要使用的编程语言包括 C、各种汇编语言、ADA 等。针对这些编程语言在使用上有一些约束或者注意事项，另外在这些语言软件的开发实践中也积累了一些常见问题。对这些使用约束、常见问题等加以提炼总结，就形成了软件编程规范。目前航天器软件工程中普遍采用软件强制编程规范，比较通用的规范是 GJB 5369—2005《航天软件 C 语言安全子集》、GJB 8114—2013《C/C++语言编程安全子集》。载人航天工程、探月工程等重大航天工程都有自己的软件编程规范。各软件研制单位也制定了自己的规范，如航天五院分别制定了针对 C 语言、51 汇编语言、x86 汇编语言的编程规范，并在实际工程中得到较好的应用。

2）强制类规范和推荐类规范

编程规范一般分为强制类规范和推荐类规范。强制类规范是指在编程实践时一定要遵守的规则，推荐类是指编程时应该引起注意的规则。针对违反强制类编程规范的软件，评测机构一般要提出软件问题报告单。

3）编程规范检查工具

软件编程规范检查一般借助工具进行，常用的软件静态分析工具如 LDRA Testbed、QAC、SPECCHECKER 等都能进行软件编程规范检查，并可对所检查编程规范的规则集进行配置。

2．控制流分析

控制流分析通过对源代码的分析，要检查以下主要内容：

（1）转向并不存在的语句标号。

（2）没有使用的语句标号。

（3）没有使用的子程序定义。

（4）调用并不存在的子程序。

（5）从程序入口进入后无法达到的语句。

（6）不能达到停止语句的语句。

（7）其他不可达代码检查。

3．数据流分析

数据流分析用数据流图来分析数据产生的异常情况，这些异常包括被初始化、被赋值或引用/被引用过程中行为序列的异常。

静态数据流分析通过检查变量的定义（赋值）和引用关系来发现程序中的错误，在证明一系列重大的与数据定义和引用相关的程序设计错误时是非常有用的方法。

数据流分析是指使用工具对软件使用中的所有全局变量的定义、赋值、引用过程进行分析，并查找其中存在的数据流异常或者数据流不完整的情况。完整的数据流是指变量有定义、赋值（初始化）、引用等完整且按顺序进行的过程，反之就属于数据流异常或者不完整，如变量未初始化就引用、变量定义后未引用、变量赋值后未引用，从这些地方经常能发现软件的错误或者缺陷，因此数据流分析的过程很重要。

4．软件度量分析

1）软件度量分析定义

软件度量分析是指借助工具对软件一些度量指标进行分析，这些指标既可以用来衡量软件设计的优劣（一般好的设计都要求避免设计过于复杂的程序模块），也可以用来评价测试工作的工作量及指导测试用例设计过程。

2）软件复杂度指标

衡量软件复杂程度有 2 个重要的指标，即圈复杂度（Cyclomatic Complexity）和基本复杂度（Basic Complexity）。

3）圈复杂度定义

为理解圈复杂度概念，先看图 3.2 的流图示例。

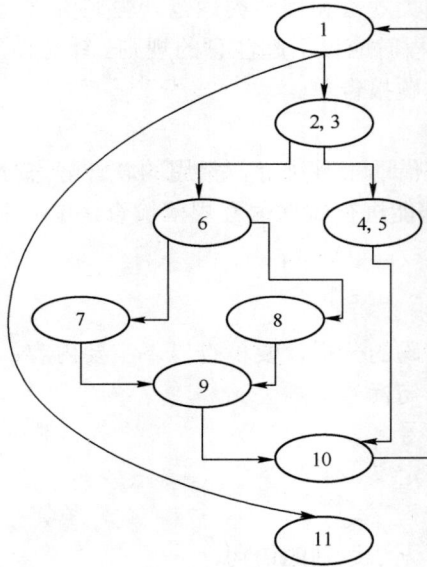

图 3.2　流图（Flow Graph）示例

图 3.2 所示的流图是流程图转化后得到的，其主要包括几种基本结构，即顺序语句、if 语句、while 语句、case 语句等。

图中的连线被称为边，椭圆称为节点，由边和节点围成的区间称为区域。

圈复杂度是度量程序逻辑复杂度的指标。其计算方法是根据控制流图中的区域数来确定的。有以下三种确定方法。

（1）圈复杂度等于控制流图中的区域数。

（2）圈复杂度等于控制流图中边的条数+2−节点数。

（3）圈复杂度等于控制流图中判定节点的数量+1。

4）基本复杂度定义

基本复杂度是把程序中符合结构化（仅包含顺序、选择、循环）的部分进行简化之后再计算圈复杂度得到的值。

5）用圈复杂度和基本复杂度衡量软件结构化设计

圈复杂度是用来衡量软件模块规模和结构化设计程度的，即圈复杂度高的原因既可能是软件模块规模大，也可能是结构化设计不好。而基本复杂度是用来衡量软件结构化设计的，基本复杂度高的原因只能是结构化设计差。因此对于复杂度的要求最好是同时对这两个指标进行限制，如要求模块圈复杂度不大于 10，并且模块基本复杂度不大于 4，也有对 2 个复杂度指标的乘积进行限制的（如模块圈复杂度×模块基本复杂度的积不大于 40），思路是相同的。

6）软件度量分析的意义

度量分析能发现软件在结构化设计方面存在的缺陷，设计师应该对缺陷进行处理以降低软件复杂度，因此度量分析（特别是复杂度分析）最好在软件设计的早期阶段进行，因为如果在软件设计后期，其主要功能都确定之后再去修改软件结构，将会面临较大的风险。

3.1.2 代码审查

1．代码审查的定义

代码审查根据 IEEE Std.610.12—1990，是一种静态分析技术，它依靠目视检查开发的产品，发现错误、发现和开发标准的偏离以及其他问题。其目的是验证软件产品满足规格说明及规定的质量属性，并且符合适用的规章、标准、指南、计划和程序。

2．代码审查的依据

审查一般依据代码检查单进行，可以针对不同编程语言的代码、设计文档、需求文档等不同对象分别制定，并可以不断积累和丰富。与走查相比，审查更侧重软件的整体表现，不必逐条分析和模拟执行。

3．代码审查的主要任务

代码审查的主要任务：进行软件代码和依据文档的一致性检查，同时根据代码检查单来发现软件中存在的常见错误和缺陷。

文实一致检查：针对航天高可靠软件而言，必须保证程序代码实现与依据文档的一致性，依据文档主要是软件设计文档（包括软件需求规格说明、设计说明等）和相关的设计规范与编码规范（如软件安全性设计准则、软件可靠性设计准则、软件编码规范等）。

文实一致性检查的目标：检查是否软件设计都有程序实现相对应，是否所有程序实现都有软件设计作为依据。

4．代码审查的主要方法

代码审查的主要方法：依据代码检查单，对所有代码进行审查，以期发现软件中的各种问题。

5．代码检查单

代码检查单是代码审查时检查项的汇总和提示。代码检查单的范围可以很广，如针对常见设计缺陷的检查、针对各种编程语言常见使用错误的检查、针对软件所使用芯片常见操作错误的检查等。

一个软件研制（测试）单位的代码检查单通常是该单位软件设计和测试经验的总结，是一个包括所有编程语言、常见处理器和芯片使用注意事项、常见错误提示等的全集。如航天器软件设计中经常使用符合 1553B 协议的芯片和 CAN 总线协议的芯片，而针对 1553B 协议芯片（如 BU-65170 等）、CAN 总线协议芯片（如 SJA1000）的初始化及处理过程有一些常规要求及设计经验总结，这些要求和经验总结就可以提炼成为相应代码检查单的内容，用来提示软件测试人员予以关注。而针对某个具体的项目进行代码审查时可以对通用代码检查单进行裁剪，既可以适应不同项目的特点，又可以避免不必要的工作量。

6．典型代码检查单示例

典型代码检查单内容如下所示：

1）通用代码检查单

（1）一致性检查单示例：程序中的 I/O 端口、地址空间定义是否与引用文档说明一致。

（2）初始化检查单示例：对外输出端口是否均进行了初始设置。

（3）看门狗检查单示例：中断服务程序中是否存在喂狗操作。

（4）数值运算检查单示例：相比较的两个参数单位或量纲是否一致。

（5）逻辑设计检查单示例：软件中的死循环是否属于专门设计需要。

2）编程语言代码检查单

（1）C 语言代码检查单示例：数组下标是否使用了非整型数或负数。

（2）x86 汇编语言代码检查单示例：串操作指令前是否正确使用了 CLD 或 STD。

（3）51 汇编语言代码检查单示例：使用立即数时是否带有"#"。

3）常用芯片代码检查单

（1）8051 代码检查单示例：软件进入串口中断后是否及时对相应的 TI 或 RI 进行了清"0"操作。

（2）8086 代码检查单示例：8086 进入中断响应服务处理时如果需要中断嵌套，是否进行了开中断处理。

（3）8254 代码检查单示例：对 8254 的两次读取数据进行运算时是否考虑和处理了计数翻转。

（4）8252 代码检查单示例：控制寄存器（UCR）是否被周期性初始化。

（5）SJA1000（CAN 总线协议芯片）代码检查单示例：是否判断了总线离线状态（状态寄存器 SR.7=1 表示离线）并进行相应处理。

（6）1553B 协议芯片代码检查单示例：RT 模式中配置寄存器 2 的 bit10（256 字边界禁止）是否设置为 0。

（7）DSP 代码检查单示例：DSP 汇编中浮点数相加是否使用 ADDF 指令，而不是 ADDI。

4）编译器检查单示例

C51 编译器是否选中了"Enable ANSI integer promotion rule"选项。如果该选项未被选中则会导致不能"整型自动提升"。

7. 代码审查的作用

通常情况下代码审查可以作为确认测试的有效补充。目前针对安全关键级别要求较高的软件，通常提出了较高的动态测试覆盖率要求，而一些异常或者故障情况下的测试通常在确认测试环境下难以进行，这就是所谓动态不可测试项。针对这些无法通过动态测试验证的功能，一般通过代码审查来验证其代码逻辑的正确性。

8. 代码审查的难点

由于航天器软件普遍采用多中断设计，且未普遍使用操作系统，因此多中断之间的资源共享及访问冲突分析是代码审查工作的主要难点。针对多中断资源访问冲突分析的主要技术将在第 4 章中集中描述。

3.1.3 代码走查

1. 代码走查的定义

代码走查（Walkthrough）：通常以走查小组集体开会形式进行，包括组长、记录员、阅读员、开发人员和检查员等。开发人员回答走查小组其他成员提出的问题。记录员应负责详细记录所有问题、疑问。经常采用的方法是人脑模拟运行，因此也可由设计测试用例，模拟测试用例运行过程，分析程序执行逻辑和变量取值变化。

2. 代码审查与代码走查

由于代码审查和代码走查在形式上比较接近，并且其技术界限不很清晰，因此在航天器软件工程实践中经常采用融合二者特点的综合代码审查方法。即总体上采用代码审查的方式，注重软件整体功能，而针对局部软件功能则采用代码走查的方式，模拟运行被测软件，以分析代码逻辑实现的正确性。整个过程需要开发人员参与但不是全程参与，即主要过程由独立的测试人员进行，只是在特定的时段需要开发人员的参与并进行解释和答疑。在航天器软件工程实践中由测试人员独立完成的代码审查又称为独立审查，有开发人员参加的审查又称为联席审查会。

3.1.4 文档审查

1. 文档审查的目的

文档审查的主要目的包括三个方面：

（1）通过审查文档检查软件开发过程是否遵循了规定的软件工程过程。

（2）通过审查发现文档中的错误，提高软件文档的质量。

（3）通过审查文档确定软件是否可以进行其他类型的测试。

2．文档审查的内容

一般来说，文档审查主要对文档的完整性、一致性和正确性进行审查。

3．文档的完整性审查

文档的完整性审查是指用人工审查的方法，验证所提交的软件文档是否齐全。按照软件安全关键级别及依据文件确定需要提供哪些文档，审查文档种类是否符合所依据文件要求的种类。

4．文档的一致性审查

文档的一致性审查包括以下内容：

（1）是指用人工审查的方法，审查文档内容和术语的含义前后是否一致，有没有自相矛盾的地方。

（2）检查文档和程序的一致性。

（3）检查不同文档之间描述的一致性。

5．文档正确性审查

文档正确性审查是指用人工审查的方法，审查文档内容是否正确和准确；文档是否有错别字；是否有二义性的定义、术语和内容。

6．文档审查的步骤

文档审查一般分为以下几个步骤：

（1）首先检查进入条件，即确认相关文档是否通过阶段评审；是否具备要审查的文档及其清单；是否明确了审查文档种类依据。

（2）然后需要明确审查依据，主要来自软件研制总要求（如软件产品保证大纲）或者相关标准（如载人航天工程标准），包括文档种类和文档格式规范的要求。

（3）按照检查单，分工审查文档，并记录发现问题。

（4）汇总并确认文档问题，填写"软件文档审查问题报告单"。

（5）修改后进行回归审查，若发现问题再填写问题单，再进行二次回归；所有文档修改完成后填写软件文档审查报告。

7．什么是"文文相符"

航天器软件工程中特别强调软件文档的重要性，认为描述完整准确的文档是软件工程的基础。重大航天工程（如载人航天工程）中还提出了特别的要求——"文文相符"，即软件不同阶段文档（软件任务书、需求规格说明、软件设计说明）之间描述要一致。文档审查可以采用建立文档间跟踪矩阵的方法来进行，即上阶段文档中的所有要求都应在下阶段文档中有对应。

8．文档审查的常用表格模板

在针对航天器软件的文档审查中，最经常审查的文档包括软件任务书（用户需求）、软件需求规格说明、软件设计说明（设计报告）、软件用户手册等，其文档审查所用的模板分别如表 3.1、表 3.2、表 3.3 和表 3.4 所示。

表 3.1　软件任务书/用户需求检查单模板

文档名称：

序号	审　查　项　目	是　否　通　过
1	文档是否具有已批准的标识号？	/*通过示例如下：*/ 是
2	文档封面签署是否完整？	/*未通过示例如下：*/ 否，见问题报告单
3	文档是否为正式提交？	
4	文档是否适用于所属系统？	
5	引用文档是否现行有效？	
6	系统概述是否清晰明确？	
7	内容是否符合 GB 8567—88《计算机软件产品开发文件编制指南》的软件文档编制规范的要求？	
8	是否明确地提出了每项任务的功能要求？	
9	对引用的专业术语是否进行了说明？	
10	是否说明了软件对运行环境和开发环境的要求？	
11	是否清晰地描述了与所有外部设备的接口关系？	
12	是否定义了软件相关的质量要求？	
13	是否规定了软件项目的验收交付要求？	
审查人员		审查时间	

表 3.2　软件需求规格说明检查单模板

文档名称：

序号	审　查　项　目	是　否　通　过
1	文档是否具有已批准的标识号？	
2	文档封面签署是否完整？	
3	文档是否为正式提交？	是
4	格式是否符合 GJB 438B—2009 标准？	
5	内容是否符合 GB 8567—88《计算机软件产品开发文件编制指南》说明的软件文档编制规范的要求？	
6	文档是否适用于所述系统？	
7	引用文档是否现行有效？	
8	系统概述是否清晰明确？	
9	对引用的专业术语是否进行了说明？	
10	是否与任务书内容描述上保持一致？	

序号	审 查 项 目	是 否 通 过
11	是否定义了对任务书/用户需求的需求可追踪性，并建立了追踪表？	否，见问题报告单：
12	是否定义了软件与所有外部设备的外部接口需求？	
13	是否清晰地说明了软件的全部功能？	
14	是否明确了性能需求？	
15	是否说明了软件对现场条件和系统环境的要求？	
审查人员		审查时间

表 3.3　软件设计报告检查单模板

文档名称：

序号	审 查 项 目	是 否 通 过
1	文档是否具有已批准的标识号？	
2	文档封面签署是否完整？	
3	文档是否为正式提交？	
4	格式是否符合 GJB 438B—2009 标准？	
5	内容是否符合 GB 8567—88《计算机软件产品开发文件编制指南》说明的软件文档编制规范的要求？	
6	文档是否适用于所述系统？	
7	引用文档是否现行有效？	
8	系统概述是否清晰明确？	
9	对引用的专业术语是否进行了说明？	
10	是否覆盖了软件需求规格说明中定义的所有需求？	
11	功能描述是否符合需求规格要求，是否完备、正确？	
12	与下一级 CSC 间的关系描述是否清晰明确？	
审查人员		审查时间

表 3.4　软件用户手册/操作手册检查单模板

文档名称：

序号	审 查 项 目	是 否 通 过
1	文档是否具有已批准的标识号？	
2	文档封面签署是否完整？	
3	文档是否为正式提交？	
4	格式是否符合 GJB 438B—2009 标准？	
5	文档是否适用于所属系统？	
6	引用文档是否现行有效？	

序号	审 查 项 目	是 否 通 过
7	文档面对的用户是否明确，文档内容与所对应的用户级别是否合适？	
8	系统概述是否清晰明确？	
9	是否具有较好的可操作性？	
10	描述是否清晰、无二义性？	
11	目录、索引和章节的引用是否正确？	
审查人员		审查时间	

3.2　航天器软件的动态测试

3.2.1　概述

动态测试技术从测试策略的角度可以分为黑盒测试技术和白盒测试技术。

黑盒测试不关注软件内部的设计与实现，而是把软件当作一个黑盒子，从外部看软件的特性，是按照软件需求规格说明设计测试用例的方法，主要包含了功能分解技术、等价类划分技术、边界值分析技术、因果图分析技术、随机测试技术、错误猜测法等。

而白盒测试技术关注软件的内部细节，是按照程序内部的逻辑结构和编码结构设计测试用例的方法，主要是基于程序覆盖率的测试用例设计技术，如控制流覆盖（语句、分支、路径等、MC/DC）、数据流覆盖（全定义使用路径、全使用路径、全定义路径、数据流异常状态图）等。

3.2.2　黑盒测试

黑盒测试技术主要就是测试用例设计技术，主要的测试用例设计方法包括等价类划分、边界值分析、判定表、场景法、因果图等。此外，黑盒测试一项重要的技术就是功能分解，如何进行功能分解，分解到什么粒度，将对后续测试用例的设计过程产生重要影响。

1. 功能分解法

功能分解法包括功能分解和功能组合2个步骤。

1）功能分解

为了正确、全面地设计测试用例，需要在识别软件功能的基础上，对各种软件功能加以分解。首先使用程序设计中的功能抽象方法把程序分解成功能单元，然后使用数据抽象方法产生测试每个功能单元的数据。按照功能层次进行分解，可以得到较多低层次的子功能，以这些子功能作为对象，就可以进行测试用例设计。程序的每个输入/输出量的取值集合用数据抽象来描述，边界值、特殊值是这个集合中最重要的值，如0、1、最大值、最小值等。

2）功能组合

在进行功能分解得到各个子功能后，一般还需要进行功能（如功能序列的组合）组合。进行组合时要避免组合爆炸，应分析组合后的情况，选择有代表性的组合情况。

例如，姿轨控系统软件中经常有工作模式的概念。工作模式是指在航天器不同的工作阶段使用不同的姿态确定方法和姿态控制方法。功能分解过程就是把姿轨控软件分解成各个工作模式的过程，需要对这些模式分别进行测试。但是还要对模式之间的转换及模式的组合进行测试。不同模式之间的转换条件比较多，通常需要遍历这些转换条件。而转换过程及路径的组合则更多，很可能出现爆炸。因此需要在保证遍历所有不同模式间转换条件的基础上，根据实际航天器在轨飞行过程，选择有代表性的模式间转换过程及路径，从而保证功能测试的完备性。

2．等价类划分法

等价类划分法是航天器软件测试中最常用的测试用例设计方法。

等价类的测试思想来源于离散数学的等价关系理论。它是在进行测试用例设计时，以具有相同的预期结果为等价类划分原则，将系统的被测试域（可能是输入域、输出域、输入或输出域的部分或任何其他指导测试的范围）划分为不同的等价类集合，从中选出代表作为测试用例，以达到尽可能完备同时又避免冗余的测试。

1）使用等价类划分法设计测试用例的步骤

使用等价类测试方法设计测试用例的步骤：第一步划分等价类，第二步识别测试用例。有时为了测试程序的可靠性和健壮性，程序输入数据是无效的、不合理的数据。因此，划分等价类就分为两种情况：有效等价类和无效等价类。

2）有效等价类的含义

有效等价类对应程序而言是合理的、有意义的输入数据构成的集合。利用有效等价类可以检验程序是否实现了规定的功能和性能。有效等价类可以是一个，也可以是多个，根据系统的输入域划分为若干部分，然后从每个部分中选取少数有代表性的数据作为测试用例。

3）无效等价类的含义

无效等价类和有效等价类相反，是没有意义、不合理的输入数据集合。利用无效等价类，可以验证程序异常处理的正确性，检查程序的功能和性能实现是否有不符合规格说明要求的地方。

4）等价类划分方法

等价类有以下划分方法：

（1）按照区间划分。在输入条件规定了取值范围或者值的个数的情况下，可以确定一个有效等价类和两个无效等价类。例如，输入条件为小于 100 大于 10 的整数 x，则有效等价类为 $10<x<100$，两个无效等价类为 $x\leqslant 10$ 和 $x\geqslant 100$。

（2）按照数值划分。在规定了一组输入数据，并且程序要对每个输入值分别进行处理的情况下，可确定 n 个有效等价类（每个值确定一个有效等价类）和一个无效等价类（所有不允许的输入值的集合）。例如，程序输入 x 取值于一个固定的枚举类型{1，3，7，15}，且程序中对这 4 个数值分别进行了处理，则有效等价类为 $x=1$、$x=3$、$x=7$、$x=15$，无效等价类为 $x<>1$，3，7，15 的值的集合。

（3）按照数值集合划分。在输入条件规定了输入值的集合或者规定了"必须如何"的条件下，可以确定一个有效等价类和一个无效等价类。例如，程序输入条件为取值为奇数的整数 x，则有效等价类为 x 的值为奇数的整数，无效等价类为 x 的值不为奇数的整数。

（4）按照限制条件或规则划分。在规定了输入数据必须遵守的规则或者限制条件的情况下，可确定一个有效等价类（符合规则）和若干个无效等价类（从不同角度违反规则）。例如，程序输入条件为以字符"a"开头、长度为 8 的字符串，并且字符串不包含"a"～"z"之外的其他字符，则有效等价类为满足了上述所有条件的字符串，无效等价类为不以"a"开头的字符串、长度不为 8 的字符串和包含了"a"～"z"之外其他字符的字符串。

（5）细分等价类。在确知已划分的等价类中各元素在程序中的不同处理方式，则应再将该等价类进一步划分为更小的等价类，并建立等价类表。

5）等价类的划分形式

等价类的划分形式分为标准等价类测试和健壮等价类测试。

标准等价类测试是指不考虑无效数据值，测试用例使用每个等价类的一个值。

针对健壮等价类测试则一般考虑无效等价类。对于有效输入，测试用例从每个等价类中取一个值；对无效输入，一个测试用例有一个无效值，其他值取有效值。

6）等价类划分的具体过程

等价类划分的具体过程包括以下步骤：

确定了等价类后，可以建立等价类表，列出所有划分出的等价类。然后从划分出的等价类中按以下 3 个原则设计测试用例：

（1）为每个等价类确定一个唯一编号。

（2）设计一个新的测试用例，使其尽可能多覆盖尚未被覆盖的有效等价类，重复这一步，直到所有的有效等价类都被覆盖为止。

（3）设计一个新的测试用例，使其仅覆盖一个尚未被覆盖的无效等价类，重复这一步，直到所有无效等价类都被覆盖为止。

7）等价类划分实例

例子：指令处理功能。某指令参数的有效范围为 1～24。因此有效等价类为 1～24，无效等价类为 0 及大于 24 的数。包含有效等价类的测试用例可以选择参数为 1～24 中的任意值，如 5；包含无效等价类的测试用例必须选择参数 0 或任意大于 24 的值，如 30。

3．边界值分析法

边界值分析法是对等价类划分法的补充，专注于每个等价类的边界值。两者的区别在于等价类划分是从等价类中随机选取一个值或者典型值作为测试点，边界值分析则是选取边界附近的值作为测试点。

1）边界值分析法的设计方法

边界值分析法采用一到多个测试用例来测试一个边界，不仅重视输入条件边界值，而且重视输出域中导出的测试用例。边界值分析法的测试用例是由等价类的边界值产生的，根据输入/输出等价类，选取稍高于边界值或稍低于边界值等特定情况作为测试用例。

选择边界值的几条原则如下：

（1）如果输入条件规定了值的个数，则用最大个数、最小个数、比最小个数少 1 的数、比最大个数多 1 的数作为测试数据。

（2）如果输入条件规定了值的范围或者输出值是有范围的数，则应取刚达到范围边界的值，以及刚刚超过这个范围边界的值作为输入数据。

（3）如果程序输入域或输出域是有序集合，则应选取集合的第一个元素和最后一个元素作为测试用例。

（4）输入条件或者输出数据中包含日期（含时间）的，都应考虑日期和时间处理边界，著名的"千年虫"问题就是典型的时间边界值处理错误案例。针对日期和时间而言，日月年的转换、时分秒转换、闰年处理、导航处理软件中的闰秒处理等都是典型的边界处理过程。

2）边界值分析法的注意事项

由于浮点数一般不能进行相等比较，因此输入数据为浮点值的，一般难以确定其边界，针对这类输入数据不宜采用边界值分析法，建议采用等价类划分法。

3）边界值分析法实例

边界值分析通常是在等价类划分的基础上进行。仍然举上节等价类划分法的例子。在等价类划分法基础上针对该指令继续采用边界值分析方法进行用例设计。那么，1 和 24 是一定要包括的，其实它们也是有效等价类，比 1 小的只有 0，它既是无效等价类又是边界值用例，比 24 大 1 的 25 也是边界值用例，它同时也是无效等价类用例。测试人员在实际的用例设计过程中可以直接把等价类划分法和边界值分析法结合起来，即选择有效等价类和无效等价类时直接选择边界值也是可以的。

4．判定表法

判定表能将复杂的问题按照各种可能的情况全部列举出来，简明并避免遗漏。因此，利用判定表能够设计出完整的测试用例集合。

1）判定表的组成

判定表通常由 4 个部分组成：

（1）条件桩，列出问题的所有条件。

（2）动作桩，列出了问题规定可能采取的操作。

（3）条件项，列出针对它所列条件的取值。

（4）动作项，列出在条件项各种取值情况下应该采取的动作。

将任何一个条件组合的特定取值及相应要执行的动作称为一条规则。在判定表中贯穿条件项和动作项的一列就是一条规则。

2）判定表的构造过程

判定表的构造过程包括以下步骤：

（1）确定规则的个数。

（2）列出所有的条件桩和动作桩。

（3）填入条件项。

（4）填入动作项。

（5）简化判定表，合并相似规则。若表中有两条以上规则具有相同的动作，并且在条件项之间存在极为相似的关系，便可以合并。

3）判定表法实例

例子：日期计算函数。该函数有 3 个变量 *month*、*day*、*year*，均为整数且分别满足条件 1：1<=*month*<=12；条件 2：1<=*day*<=31；条件 3：1912<=*year*<=2050，输出为输入日期的后一天日期。

该函数的功能包括：

（1）如果输入日期不是当月最后 1 天，则把 *day* 变量加 1。

（2）如果输入日期是 1~11 月份某月的最后 1 天，则 *day* 变量赋值为 1，*month* 变量加 1。

（3）如果输入日期是 12 月的最后 1 天，则 *day* 变量和 *month* 变量都赋值为 1，*year* 变量加 1。

最后 1 天的判断过程如下：

（1）如果是 1、3、5、7、8、10、12 月，*day* 变量值为 31。

（2）如果是 4、6、9、11 月，*day* 变量值为 30。

（3）如果是闰年 2 月，*day* 变量值为 29。

（4）如果是平年 2 月，*day* 变量值为 28。

根据上述操作，可列出函数的动作桩包括：

（1）A1：不可能。

（2）A2：*day* 加 1。

（3）A3：*day* 等于 1。

（4）A4：*month* 加 1。

（5）A5：*month* 等于 1。

（6）A6：*year* 加 1。

为减少判定表规模，使用 *month*、*day*、*year* 变量的等价类，在等价类集合基础上建立判定表。

Month 变量的等价类包括：

（1）M1：小月（30 天的月份）。

（2）M2：大月（31 天的月份），12 月除外。

（3）M3：12 月。

（4）M4：2 月。

Day 变量的等价类包括：

（1）D1：1～27 天。

（2）D2：28 天。

（3）D3：29 天。

（4）D4：30 天。

（5）D5：31 天。

Year 变量的等价类包括：

（1）Y1：闰年。

（2）Y2：平年。

最终得到了如表 3.5 所示的判断表。

表 3.5　判定表示例

	1	2	3	4	5	6	7	8	9	10	11	12	13
月份	M1	M1	M2	M2	M2	M2	M3	M3	M3	M3	M3	M4	M4
日期	D1、D2、D3、D4	D5	D1、D2、D3	D4	D5	D1、D2	D3	D4、D5	D1	D2	D3	D1、D2、D3、D4	D5
年	—	—	—	—	—	Y1	Y1	—	Y2	Y2	Y2	—	—
日期加1	√		√			√			√			√	
日期赋1		√		√			√			√			√
月份加1		√		√			√			√			
月份赋1												√	
年份加1												√	
不可能					√			√			√		

从表中可以得到相应的测试用例：

（1）规则 1：输入=2013，7，30，预期结果=2013 年 7 月 31 日。

（2）规则 2：输入=2013，7，31，预期结果=2013 年 8 月 1 日。

（3）规则 3：输入=2013，9，29，预期结果=2013 年 9 月 30 日。

（4）规则 4：输入=2013，9，30，预期结果=2013 年 10 月 1 日。

（5）规则 5：输入=2013，11，31，预期结果=输入错误。

（6）规则 6：输入=2012，2，28，预期结果=2012 年 2 月 29 日。

（7）规则 7：输入=2012，2，29，预期结果=2012 年 3 月 1 日。

（8）规则 8：输入=2013，2，30，预期结果=输入错误。

（9）规则 9：输入=2013，2，27，预期结果=2013 年 2 月 28 日。

（10）规则 10：输入=2013，2，28，预期结果=2013 年 3 月 1 日。

（11）规则 11：输入=2013，2，29，预期结果=输入错误。

（12）规则 12：输入=2013，12，30，预期结果=2013 年 12 月 31 日。

（13）规则 13：输入=2013，12，31，预期结果=2014 年 1 月 1 日。

5．因果图法

因果图法借助图形，着重分析输入条件的各种组合，每种组合条件就是"因"，它必然有一个输出的结果，这就是"果"。因果图是一种形式化的图形语言，由自然语言写成的规范转换而成，这种形式语言实际上是一种使用简化记号标识数字逻辑图，不仅能发现输入、输出中的错误，还能指出程序规范（需求规格）中的不完全性和二义性。因果图法就是一种利用图解法分析输入的各种组合情况，有时还要依赖所生成的判定表。

1）使用因果图法设计测试用例过程

由因果图生成测试用例的过程如图 3.3 所示，包括 4 个步骤：

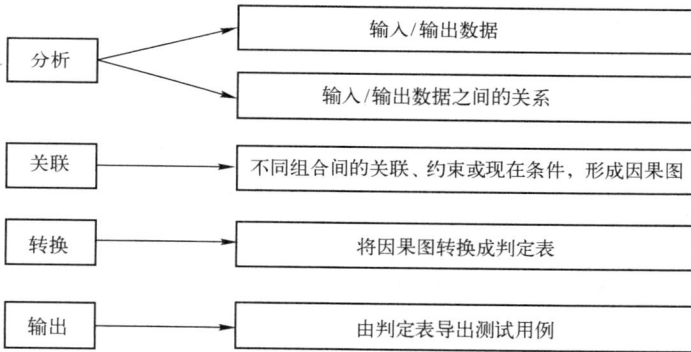

图 3.3 因果图法示例

（1）分析软件需求规格说明中的输入/输出条件并分析输出等价类，将每个输入/输出赋予一个标识符；分析规格说明中断语义，通过这些语义找出相应的输入与输入之间、输入与输出之间的关系。

（2）将对应的输入/输出之间的关系关联起来，并将其中不可能的组合情况标注为约束或者限制条件，形成因果图。

（3）将因果图转化为判定表。

（4）将判定表的每一列作为依据，设计测试用例。

2）因果图法实例

某个软件需求规格说明中包含以下要求：第一列字符必须是 A 或者 B，第二列字符必须是一个数字，在此情况下进行文件的修改；但如果第一列字符不正确，则输出信息 L；如果第二列字符不是数字，则给出信息 M。采用因果图方法进行分析，可根据表 3.6 获得各种组合。

表 3.6　因果关系表

编　号	原　因	编　号	结　果
C1	第一列字符是 A	E1	修改文件
C2	第一列字符是 B	E2	给出信息 L
C3	第二列字符是一个数字	E3	给出信息 M

根据表 3.6 可以制定一张判定表，3 个因素共有 8 种组合，考虑到 C1（首字符是 A）成立时，C2（首字符是 B）就不能成立，此时变成 6 种组合，如表 3.7 所示。可以根据判定表来设计测试用例，每一列就代表一个测试用例，共设计 6 个测试用例。但实际上，还可以进一步优化，由于第二字母不是数字时，第一字母不管是 A 或是 B，或 A、B 都不是，结果都一样，即 E3 成立，所以表 3.7 可进一步优化成 4 种组合，即 4 个用例，如表 3.8 所示。

表 3.7　表 3.6 的判定表

序　号		1	2	3	4	5	6
原因	C1	1	0	0	1	0	0
	C2	0	1	0	0	1	0
	C3	1	1	1	0	0	0
结果	E1	1	1	0	0	0	0
	E2	0	0	1	0	0	0
	E3	0	0	0	1	1	1

表 3.8　优化后的判定表

序　号		1	2	3	4/5/6
原因	C1	1	0	0	—
	C2	0	1	0	—
	C3	1	1	1	0
结果	E1	1	1	0	0
	E2	0	0	1	0
	E3	0	0	0	1
用例		首字符为 A，第二字符为数字	首字符为 B，第二字符为数字	首字符为 X，第二字符为数字	首字符为 A 或 B 或 X，第二字符不为数字

6.黑盒测试方法的综合使用策略

在使用黑盒测试方法时，只有结合被测软件的特点，有选择地使用若干种方法，才能真正满足软件测试的需求。

黑盒测试方法的综合使用策略如下：

（1）首先进行等价类划分，包括输入条件和输出条件的等价类划分，将无限测试变为有限测试，这是减少工作量和提高测试效率最有效的方法。等价类划分也经常是边界值方法的基础。

（2）在任何情况下都必须使用边界值分析方法。经验表明，用这种方法设计出的测试用例发现程序错误的能力最强。

（3）测试人员可以根据经验使用猜错法补充一部分用例进行测试。

（4）如果程序的功能说明中含有输入条件的组合情况，可以选用因果图法或者判定表法。

3.2.3　白盒测试

白盒测试一种基于程序内部实现结构与逻辑寻找缺陷的测试技术。前面介绍的静态分析、代码审查等也属于白盒测试的范畴，是静态白盒测试。这里讨论的是动态白盒测试，即在掌握程序具体实现的前提下，通过运行被测代码寻找被测代码缺陷的一种方法。白盒测试的基本思想就是覆盖，即通过设计测试用例，尽可能地覆盖更多的语句、分支、路径。

根据所能达到的覆盖程度，白盒测试用例设计技术又分为语句覆盖、分支覆盖、条件覆盖、路径覆盖，条件覆盖又包括分支条件覆盖、分支条件组合覆盖、条件判定覆盖、修正的条件判定覆盖（MC/DC 覆盖）等。路径覆盖是最充分的覆盖。但是完全的路径覆盖在实际测试中是很难做到的。在航天器软件测试中最常用和关注的是语句覆盖、分支覆盖和 MC/DC 覆盖。

1．语句覆盖定义

语句覆盖就是指程序中的所有语句都至少执行一次。语句覆盖是很弱的覆盖，对于有分支的情况仅仅做到语句覆盖是不够的。图 3.4 中给出了流程图。

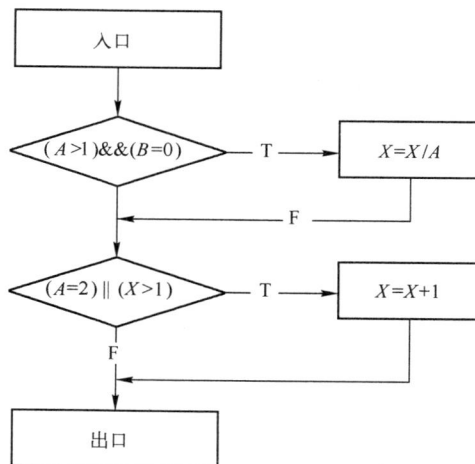

图 3.4　程序流程图

29

该流程图对应如下代码：

```
if ((A>1) && (B==0))
    X=X/A
if ((A=2)||(X>1))
    X=X+1
```

如果选用"A=2、B=0、X=4"做测试用例，4 条语句均能被执行，但是该用例不能发现两个条件中任意一个逻辑操作符写错（如"与"操作和"或"操作写反）的错误。

2．判定覆盖定义

判定覆盖是指程序中每个判断的真分支和假分支至少执行一次。判定覆盖比语句覆盖略强。对于如图 3.4 表示的程序，若要实现判定覆盖，可设计如下两组测试用例：

$$A=0、B=0、X=3$$
$$A=2、B=1、X=1$$

但是大部分的判断语句是由多个逻辑条件组合而成，仅仅判断其最终结果，而忽略每个条件的取值情况，必然会遗漏部分测试路径。如图 3.4 中表示的程序有 4 条路径，以上测试用例并没有全部覆盖到。

3．分支覆盖定义

分支覆盖是指程序中所有分支的真假分支都至少执行一次，很显然，分支覆盖要比语句覆盖强得多。但是测试用例即使满足了分支覆盖，也不一定能发现诸如分支条件写反（大于写成小于）的缺陷。因此还需要比分支覆盖更强的逻辑覆盖准则。

针对上面的示例，如果选用测试用例集为"A=3、B=0、X=3"和"A=2、B=1、X=1"，可以同时满足分支覆盖和语句覆盖，但是却无法发现诸如第 2 个分支条件中 X>1 错写成 X<1 的错误。

航天器软件一般都要求语句覆盖和分支覆盖，基本要求是全覆盖，即 2 个 100%。具体的覆盖率要求针对不同的测试阶段有所不同，详见各阶段的要求。

4．MC/DC（修正条件判定）覆盖

在解释 MC/DC 覆盖之前，需要介绍一下条件覆盖、条件判定组合覆盖。

1）条件覆盖定义

条件覆盖是指设计测试用例，使得代码中每条语句至少执行一次，并且代码中各分支的每个条件的所有取值尽可能至少出现一次。但是满足了条件覆盖，是否就必然满足分支覆盖呢？答案是否定的。为解决这一矛盾，需要对条件和分支兼顾覆盖。

2）条件判定组合覆盖定义

条件判定组合覆盖是指设计测试用例，使得程序中每个判断的每个条件的所有取值至少执行一次，并且每个可能的判断结果也至少执行一次。分支条件组合覆盖虽然比单纯的分支覆盖和条件覆盖都要强，但是其需要的用例也要多。

还是针对上面的示例：需要 3 个测试用例"A=2、B=0、X=4"、"A=1、B=0、X=3"

和"$A=2$、$B=1$、$X=1$"，才能保证分支覆盖和条件覆盖要求。

3）MC/DC 覆盖定义

MC/DC 覆盖是在分支条件组合覆盖基础上发展起来的。该覆盖准则为：程序中每种输入/输出至少出现一次，在程序中每一个条件须所有可能的输出结果至少输出一次，并且每一个判断中的每一个条件必须能独立影响一个判断的输出，即在其他条件不变的前提下，仅改变这个条件的值，而使得判断结果发生改变。可以证明，如果条件个数为 N，那么 MC/DC 覆盖的测试用例集中至少包括的测试用例个数为 $N+1$。

5．白盒测试方法的综合使用策略

使用白盒测试方法需要考虑以下几方面内容。

1）确定静态测试和动态测试的实施顺序

首先应确定静态测试和动态测试的实施顺序。一般应先进行静态测试，例如使用代码审查方法、静态结构分析法、代码质量度量法等进行测试；然后进行动态测试，即使用逻辑覆盖测试等方法进行测试。

2）白盒测试的重点

白盒测试的重点是覆盖率测试。对于不同安全关键等级的软件配置项或者不同重要程度程序模块，应使用上面提到的多种覆盖率标志来衡量对代码的覆盖。

3）不同测试阶段的白盒测试策略

在不同的测试阶段，应使用不同的白盒测试方法。

（1）在单元测试阶段，以代码审查、逻辑覆盖率测试方法为主。

（2）在集成测试阶段，需增加静态结构分析和代码质量度量等方法。

（3）在集成测试之后的测试阶段一般以黑盒测试方法为主，若发现软件中存在严重问题且无法用黑盒方法定位，则需选择性地使用白盒测试方法，深入到模块的内部以定位错误。

4）安全关键软件的白盒测试策略

当前以载人航天工程为代表的重大航天工程针对安全关键软件（如 A、B 级软件）的测试覆盖性提出了较高要求，这需要制定新的白盒测试策略。

例如针对 A、B 级软件，除了单元测试、集成测试（组装测试）以外，还提出了确认测试阶段测试覆盖率要求，即要求进行软件确认测试时不仅要对功能和性能等进行测试，还要统计软件的逻辑覆盖率，包括语句覆盖率、分支覆盖率，针对高级语言编写的软件要进行目标码级别的语句和分支覆盖率分析。一般来说，确认测试的逻辑覆盖率很难达到 100%，因此要求对每条未执行语句和分支进行分析，确保未执行的软件语句和分支没有问题。

第4章　航天器软件测试的几项关键技术

4.1　概　　述

所谓"关键"技术，是在运用第 3 章所介绍的基本技术的基础上，针对航天器软件的各方面不同特性，而派生出来的技术，是对各项基本技术的深化和提高。本章主要介绍测试覆盖率分析技术、堆栈分析技术、资源访问冲突分析技术、测试环境搭建技术等。

测试覆盖率分析技术是白盒测试技术的进一步深化。堆栈分析技术和资源访问冲突分析技术分别结合了自动化静态分析、代码审查等多项技术，是综合性的静态测试技术。测试环境搭建技术则是面向多样性的航天器软件运行环境，是综合性的动态测试技术。

4.2　测试覆盖率分析技术

按覆盖率分析所针对的程序对象，可以分为源代码级测试覆盖率分析技术和目标码级测试覆盖率分析技术（一般针对高级语言）。

按分析是否需要修改被测程序，又可以分为基于插桩技术的测试覆盖率分析技术和不插桩的测试覆盖率分析技术。

4.2.1　基于代码插桩的源代码级测试覆盖率分析技术及实践

1. 基于代码插桩的源代码级测试覆盖率分析技术

传统的测试覆盖率分析技术采用的是基于软件插桩的方法。即在被测软件中插入一段程序，当被测程序执行到这里时就会引起插入程序的执行，插入程序就可以记录程序执行的信息，通过分析这些信息就可以得到被测软件的覆盖率。插桩的代码肯定会影响被测软件，如空间增加、执行插入代码所带来的开销等，因此在技术上要使得插桩代码越小越好。

2. 软硬件协作的插桩方法

为解决基于代码插桩技术引入的影响问题，还有软硬件协作的插桩方法，即插桩代码的操作是向固定的空闲硬件端口输出特征执行信息（一般这样的代码执行周期较短），然后再由该端口挂接的硬件设备收集这些执行信息，结合被测软件的结构信息，得到软件的执行轨迹。目前航天器软件所使用的测试覆盖率分析工具中，主要使用该种技术，如 LDRA Testbed+RT INSIGHT PRO，CODE TEST 等。

3．基于代码插桩的源代码级测试覆盖率分析实例

下面结合实例介绍一下基于插桩技术的源代码级测试覆盖率分析技术。

实例中覆盖率分析使用的测试工具是 LDRA Testbed v7.8.0，运行环境是 TI C3xDSP。采用纯软件插桩方式，不需要额外硬件来采集数据。

分析的主要步骤如下：

（1）得到覆盖率分析结果。

首先使用 LDRA Testbed 对被测软件进行插桩，得到插桩后程序，对插桩后程序进行编译链接并生成可执行程序，并将可执行程序下载到 DSP 仿真器的 RAM 区。之后正常执行所有设计的测试用例，用例执行完成后，使用 LDRA Testbed 分析得到的覆盖率执行结果文件，得到测试覆盖率结果。

LDRA Testbed 给出的测试覆盖率结果如图 4.1 所示：

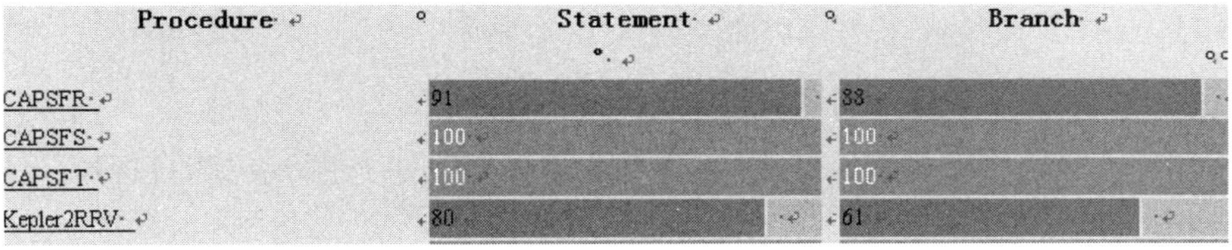

图 4.1　使用 LDRA Testbed 进行源代码测试覆盖率分析结果

（2）对未覆盖语句和分支进行分析。

需要对未满足语句覆盖率 100%和分支覆盖率 100%的函数进行分析，点击函数名，进入函数内部的未覆盖语句和分支如图 4.2 所示：

图 4.2　使用 LDRA Testbed 进行源代码测试覆盖率分析结果（续）

（3）确认未覆盖原因。

测试人员需要逐条确认这些语句和分支未被执行到的原因。确认是由于软件设计导致，还是测试用例不充分，抑或是测试环境限制导致无法给出测试激励（对应不可测试项），并分别进行相应处理。

4.2.2　非插桩的测试覆盖率分析技术及实践

非插桩的测试覆盖率分析技术包括基于硬件数据采集的方法和基于软件执行流分析

的方法。

1．基于硬件数据采集的测试覆盖率分析方法

基于硬件数据采集的测试覆盖率分析方法是完全不影响软件执行情况下的覆盖率分析技术。所谓非干预式白盒测试技术，是最优的测试覆盖率分析技术。这种技术是在处理器的硬件上采取总线探头、处理器替代等方法。当然这种方法需要对硬件设备进行改造，实际的测试项目中并不总是可行的。此外该种技术还受处理器的限制，一般对于采用指令预取或者 CACHE 技术的处理器（如 DSP）来说，不能使用该种技术。第 5 章中将要介绍的 OCCoverage 属于采用该类技术的工具。

2．基于软件执行流分析的测试覆盖率分析方法

如果使用软件仿真测试平台进行测试，可以采用基于软件执行流分析的测试覆盖率分析方法。软件仿真测试平台在执行被测软件过程中，可以记录下每个地址的执行情况。将所有地址的执行情况进行汇总，并对照分析 omf 格式的被测软件可执行程序，可以得到源代码及目标码执行的语句、分支覆盖率信息。大多数软件仿真测试平台（如第 5 章中介绍的 VTEST）在统计覆盖率时都采用了该类技术。

3．基于软件执行流分析的测试覆盖率分析实例

下面结合实例介绍一下如何在软件仿真测试平台下进行源代码和目标码级别的测试覆盖率分析。

1）对源代码的测试覆盖率分析

非插桩条件下对源代码的测试覆盖率分析比较简单，与基于代码插桩的源代码测试覆盖率分析过程基本相同，可以参照进行。

2）对目标码的测试覆盖率分析需要注意的要点

针对目标码的测试覆盖率分析则相对复杂一些，这是由于编译后的目标码有时跟源代码不完全对应，会引入一些看似跟源程序无法对应的代码，如：

（1）编译器针对 switch 语句的 case 分支和 default 分支编译为 case 条件及其跳转地址映射关系的数据表，这个数据表对应目标码是无法对应到源代码上的。

（2）编译器在浮点型立即数给浮点型变量赋值的情况下，会将浮点型立即数对应的 4 字节数据存放在代码段中，这些数据对应目标码也是无法对应到源代码上的。

（3）测试人员需要对这些情况进行分析定性，并在剔除这些编译器引入代码的基础上，逐条确认其他未执行语句和分支未被执行到的原因，确认其属于软件设计导致，还是测试用例不充分，抑或是测试环境限制导致无法给出测试激励（对应不可测试项），并分别进行相应处理。

4.3　航天器软件测试环境搭建技术

航天器软件测试环境通常有 3 种组建方案：基于目标系统的联试环境、半实物仿真测试环境和全数字（纯软件）仿真测试环境。3 种方案相比较，真实性越来越低，但是可控性越来越高，因此在测试应用方面各有其特点。另外，针对故障模式还有故障模式模拟环境。

4.3.1　基于目标环境的联试环境

基于目标环境的联试环境由于其高昂的造价，且不具备通用性，因此各软件研制单位一般难以建立专门为测试软件的目标环境，比较常见的是在一些重要的分系统（如姿态和轨道控制分系统、数管分系统等），借助于系统测试环境来测试软件，这种情况下考核的更多的是系统功能和性能，对软件的测试难以保证覆盖性。

4.3.2　半实物仿真环境

半实物仿真环境是介于基于目标系统环境和全数字仿真环境之间的一种测试环境，一般而言目标机必须是真实的，其他接口可以视情况采用软件或者 FPGA 进行模拟。目前各重要分系统软件研制中一般都会半实物仿真环境，其优点是基本接近真实环境，特别是针对一些性能指标的测试可能更接近于真实值。其缺点在于可控性，由于采用真实目标机，使得对于故障的测试可能不够全面。

4.3.3　全数字仿真测试环境

全数字仿真测试环境可以完全不依赖目标机，而且可以同时运行多个测试，同时执行时间可以大大小于物理时间，从而使得测试效率大大提高，是目前航天器软件测试（调试）中主要采用的测试环境。

目前国内基于全数字仿真技术的针对航天器软件的商业测试环境（工具）主要有SIMICS、VTEST 等。

1．SIMICS

1）SIMICS 概述

SIMICS 是美国 Virtutech 公司研制的著名虚拟平台开发系统，是一个高性能、高适应度的系统级虚拟仿真平台。

SIMICS 实现了全系统仿真概念，即处理器、内存、外设、和目标系统环境都被完全仿真，在其上运行的软件无法区分是运行在仿真虚拟环境还是在真实的物理环境，并具备了仿真大型计算机系统和完整的网络环境的能力。

2）SIMICS 支持的 CPU

SIMICS 支持的 CPU 包括 PowerPC 系列、TI C64 系列、Sparc V8/V9、x86 系列、MIPS 系列、ARM 系列等。支持多处理器、多核、子系统和全系统、不同类处理器混合结构、多种实时操作系统结构等。

3）SIMICS 的主要技术特点

SIMICS 的全系统模型最大的特色就是其模型的准确性、高性能、可扩展性、模型生成以及注重软件开发目的，如必须能够控制完整的硬件、能够重复循环执行并能够进行反向操作，这使得 SIMICS 成为唯一满足整个系统和软件开发的产品。

被风河公司收购后，SIMICS 进一步扩展其独特的全系统仿真能力，包括整合了 Eclipse 源码调试功能、支持针对目标硬件系统的可视化（Visualization）与监视（Surveillance）功能等，使得风河公司以及 SIMICS 的市场竞争力都进一步增强。

4）SIMICS 的主要不足

SIMICS 是目前公认全世界最好的全系统模拟器。SIMICS 的主要不足包括：

（1）对国内航天处理器的支持不够全面，例如 TSC695（SPARC V7）、TI C3x 等。

（2）试用成本高，SIMICS 的试用需要其技术支持部门的定制参与。

（3）价格昂贵。

2．VTEST

1）VTEST 概述

该环境是由国内航天科研军工单位研制的。其首要技术是目标机模拟，即软件仿真器，主要是对 CPU 和外围芯片（并口、串口、A/D 转换芯片、总线接口芯片等）的模拟。CPU 模拟主要完成对处理器指令集、寄存器、中断处理机制的仿真，以及内存寻址、读写仿真等。在模拟外围芯片时要与目标机环境充分结合，对于经常用到的外围芯片可以将模拟好的芯片以动态链接库的方式与 CPU 模拟器集成在一起，在模拟不同目标机环境时只需进行不同的设置即可。其次仿真测试环境还需要建立软件运行所需的系统模型，以提供软件在各种测试用例下的输入信息，并接收软件输出的各种控制信息，由这些信息来模拟计算机所在系统的自身规律（如卫星的姿态和轨道运动规律），同时记录整个控制过程和飞行仿真过程的关键数据。全数字仿真测试环境还需要管理调度模块，主要是用来控制被测软件的执行、测试用例的执行、信息保存、覆盖率信息获取等。

2）VTEST 的主要技术特点

VTEST 属于典型的软仿真测试环境，它是利用纯软件方法模拟被测软件运行的目标机环境。该工具具有如下显著特点：

（1）充分性：软仿真测试环境提供了各种测试手段，可以减少由于测试过程受到硬平台测试环境不可用、硬平台测试环境可测性等因素的限制所带来的对测试充分性的不利影响。

（2）准确性：软仿真测试环境保证模拟的真实程度，使被测软件在模拟的目标机环境中表现的动态特性，与在真实的目标机环境表现的动态特性尽量一致。

（3）快速性：软仿真测试环境是通用平台，利用其能够快速搭建一个特定被测软件的软仿真测试环境，极大减轻了软仿真测试环境的搭建的工作量；同时执行效率高，从运行效果来看，在模拟低速处理器时，其运行速度远快于真实目标机环境。

（4）自动化程度高：软仿真测试环境下易于实现测试用例自动生成、结果自动判断等自动化测试手段。

3）VTEST 的组成

VTEST 主要包括 4 部分，即通用软仿真测试环境框架、CPU 模拟器、编程接口、虚拟芯片库。

（1）通用软仿真测试环境框架。

软仿真测试环境在研制之初，其通用性就作为其最重要的属性之一。为此软仿真测试环境被设计为一个通用的软仿真测试环境框架，在该测试环境中 CPU 模拟器、内存、外围芯片都是可以任意替换、任意拼装的，测试环境维护了各仿真部件的连接关系，保证它们按照组装、连接关系正确地执行其功能。软仿真测试环境重运用了动态库加载、函数指针定位等编程技巧实现测试环境框架。

（2）CPU 模拟器。

CPU 模拟器是软仿真测试环境的核心之一，也是被测软件可以脱离硬件环境测试的关键。

模拟器的设计思路是围绕取码、译码和执行展开的，其中译码是仿真器的核心问题之一，决定了模拟器的结构。模拟器使用了指令译码、运算译码、地址寄存器译码、地址寄存器译码、通用寄存器译码、系统寄存器译码等方式。译码大量使用函数指针数组和跳转表。该方法的优点一方面使程序结构清晰，各个功能模块划分明确，各个模块结构简单，功能单一，易于实现和优化；另一方面减少了判断和函数调用的数量，简化了流程，使功能仿真简洁高效。而执行过程又包括控制流结构、运算仿真、内存仿真、状态控制仿真和 I/O 仿真。

目前软仿真测试环境已经提供了 80x86、TSC695F、ADSP21020、ADSP21060、1750A、TI DSP C3x、C6x 等常用嵌入式处理器的模拟，满足了大部分航天型号软件的需要，并可以通过编程接口开发各种 CPU 模拟器。

CPU 模拟器解释指令功能正确，并经过多个型号软件的实际验证，证明 CPU 模拟器的时间精度准确。

（3）编程接口。

通用软仿真测试环境框架提供了丰富的编程接口，允许用户利用这些编程接口开发自己的 CPU 模拟器、内存、仿真芯片等。这些仿真部件通过编程接口与仿真测试环境框架以及其他仿真部件进行交互，共同完成对目标机环境的模拟。通过这种开放的编程接口，用户可以快速开发任意目标机测试环境。并可利用编程接口为测试环境提供测试过程管理、测试脚本输入等测试自动化功能，定制自己的自动化测试系统。

（4）虚拟芯片库。

软仿真测试环境提供航天常用接口芯片的仿真，并封装为虚拟芯片库，以便于重用。目前提供的虚拟芯片包括 8252、8259、8254、8255、CAN 接口芯片、1553B 接口芯片等。

4.4　堆栈分析技术

航天器软件多为嵌入式软件，在进行软件设计时需要对堆栈使用进行充分设计，否则很容易出现堆栈溢出错误，而堆栈溢出错误如果在动态测试阶段发生则很难准确定位，因此应该重视静态的堆栈分析技术。

由于高级语言编写软件的堆栈是由编译器进行维护（编译器设置堆栈指针 SP）的，而针对汇编语言编写软件堆栈则需由编程人员自行维护（即自行设置堆栈指针 SP），因此堆栈分析技术针对高级语言和汇编语言还有所不同。

4.4.1 针对高级语言软件的堆栈分析

航天器软件中使用的高级语言主要为 C 语言，处理器则包括 80C31 系列、80x86 系列、各种 DSP、TSC695F、AT697 等，其中由于 80C31 的内部 RAM 只有 128B（该系列的其他处理器内部 RAM 略大些，如 80C32 的内部 RAM 有 256B），而变量定义还要占用一些字节，留给堆栈的空间一般都只有几十字节，因此针对运行于 80C31 系列处理器的 C 程序需要重点进行堆栈分析。

下面以 80C31 处理器为例介绍堆栈分析的主要步骤。

（1）首先需确定内部 RAM 中变量定义所占用的空间，由此确定留给堆栈的空间大小。

（2）确定函数调用、中断嵌套所影响到的堆栈占用，重点分析一些存在多次调用甚至是递归调用的函数所使用的堆栈。C 语言编写的程序中有时会调用编译器自带的库函数，这些函数也要被纳入到堆栈分析的范围，因此针对 C 语言软件进行堆栈分析时，最好能分析反汇编之后的代码。

4.4.2 针对汇编语言软件的堆栈分析

汇编语言与处理器相关，因此需要针对上述所有处理器的汇编语言软件进行堆栈分析。汇编语言软件的堆栈一般都是由编程人员维护的，因此其分析过程应该比 C 语言软件的更简单和直接。

针对汇编语言软件进行堆栈分析的过程包括：

（1）根据堆栈指针 SP 确定所分配堆栈空间的大小。

（2）确定函数（过程）调用、中断嵌套所影响到的堆栈占用情况，重点分析一些存在多次调用甚至是递归调用的函数所使用的堆栈。

4.4.3 堆栈分析工具

Absint 公司的 stackanalyser 工具是一款自动堆栈分析工具。它可以自动分析程序中最差情况下的堆栈使用情况，分析结果以标注的形式在调用关系图和控制流图中显示。

该工具支持的主要处理器包括 TMS320C3x、x86、PowerPC、ARM。

4.5 资源访问冲突分析技术

4.5.1 基本技术及分析方法

航天器软件一般采用的是主程序加中断（进程）的设计架构，因此不同级别中断之间的资源访问冲突是一种比较常见的故障，而且该故障难以通过动态测试复现和定位，可以通过静态（人工）的手段来进行分析。

基本的分析方法为，对所有中断（包括主程序）中使用的资源进行逐一列表分析，以找出存在访问冲突的全局变量、数组、端口、寄存器等，分析表格一般如表 4.1、表 4.2 所示。其中表 4.1 为中断使用资源总结表，表 4.2 为中断使用资源冲突分析表。

表 4.1　中断属性总结记录表（示例）

序号	中断对应功能名称	中断优先级	使用资源名称
1	1553B 通信中断	1	gvar1、gvar2
2	定时器 1 中断	2	gvar2、gvar3
3	串口中断	3	gvar3、gvar4

表 4.2　中断程序使用资源冲突分析表（示例）

序号	共享资源名称	数据长度/B	主程序中访问方式	1553B 通信中断中的访问	……	定时器 1 中断中的访问	是否存在冲突
1	gvar1	2	只读（模块名称）只写（模块名称）读写（模块名称）	只读（模块名称）只写（模块名称）读写（模块名称）	……	—	否
2	gvar2	4	读写（模块名称）	读写（模块名称）	…	只读（模块名称）	是
3	gvar3	2	只写（模块名称）	—	…	读写（模块名称）	否
4	gvar4	4	只写（模块名称）	—	…	—	否

在航天器软件实际案例中，多字节全局变量的访问冲突最为常见：一个多字节变量在主程序中被读过程中，被中断打断对该变量进行写操作，在中断返回后主程序进行读操作，此时读出的多字节数据可能不是同一时刻数据，即数据可能有跳变。全局数组相当于包含多个全局变量，针对其进行分析时要针对数组包含的每个全局变量分别进行分析。

4.5.2　资源访问冲突分析技术要点

资源访问冲突分析有以下技术要点。

1．注意对"等同"全局变量的分析

要特别注意对"等同"全局变量的分析。所谓"等同"全局变量是指，操作的是局部变量，但是该局部变量通过指针引用、函数调用时的形参实参传递等指向了全局变量，对这些局部变量（一般是指针变量）的操作等同于对其所指向的全局变量的操作，因此要把这些局部变量也作为全局变量进行分析。在静态分析技术中，这种"等同"变量被称作"别名"，在进行资源访问冲突分析时，最重要的任务就是找出所有的全局变量及其"别名"。其他资源也可能有别名（如通过宏定义的别名），分析时要注意别名和实际访问对象之间的关系。

2．注意识别关联资源

关联资源即变化规律完全同步的变量，所谓关联资源是指两个或多个变量有依赖关系，包括如下情况：

（1）一个变量是另外两个或几个变量的校验和。

（2）一个变量指令号与另一个变量指令内容对应。

（3）一个变量通道号与另一个变量遥测参数一一对应。

（4）一个变量表示参数采集时刻，另一个变量为采集到的参数等。

此时应把这些关联变量作为一个整体来进行分析。

3．注意硬件访问时序

对可能存在访问冲突分析时要特别注意一些硬件（如 1553B 总线设备）的访问时序，有些硬件设备不仅同一时刻只允许一个用户访问（读或写），而且还可能要占用该设备一段时间，这段时间之内的其他访问都会引发冲突。因此针对使用了这些硬件设备的软件在进行资源访问冲突分析时需增加时序冲突分析的内容。

4.5.3　资源访问冲突分析辅助工具

然而针对大规模软件而言，中断嵌套关系复杂且资源使用较多，因此 4.4.1 节中提到的使用纯手工方法列表分析不仅工作量大，而且存在较大的遗漏风险。

为了更有效地解决资源访问冲突问题，北京轩宇信息技术有限公司开发了一种资源访问冲突辅助分析工具。该工具主要的功能是列出所有在软件中 2 个及以上进程（包括不同中断服务程序及其调用子程序和主程序）中共享（读写）的全局变量、地址、端口等，并针对这些全局数据给出所有的读写操作，辅助测试人员进行资源访问冲突分析。使用该工具可以确保共享资源列举不发生遗漏。目前该工具被集成在 C 语言静态代码检查工具 Specchecker 中，该工具可以列出类似于表 4.2 的中断共享资源列表。从图 4.3 中

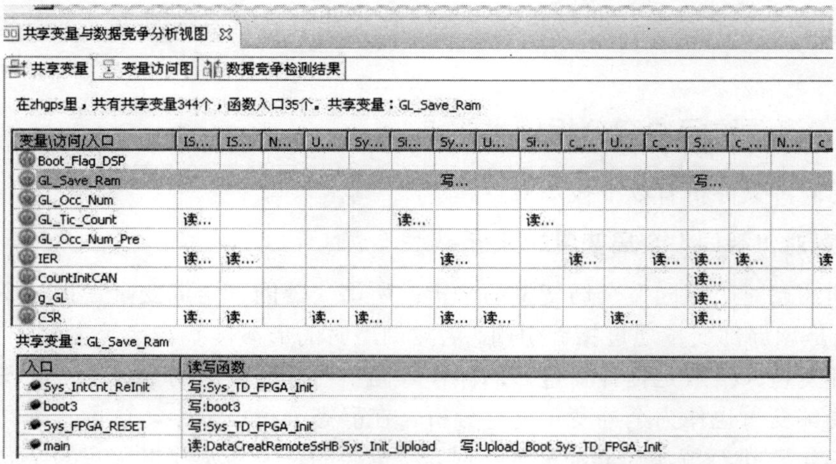

图 4.3　资源访问冲突分析辅助工具分析结果

可以看出，工具列出了所有工序变量在程序中各函数的读写访问情况，用户（测试人员）可以在此结果基础上分析是否存在访问冲突，大大提高了工作效率，避免共享变量遗漏情况的发生。

4.6　代码更动影响域分析技术

更动影响域分析是回归测试阶段最重要的技术，只有进行了充分的影响域分析，才能确定完整的回归测试用例集，从而保证回归测试覆盖的全面性。

需求变化是代码更动的主要原因，因此可首先基于代码对需求的覆盖分析技术来进行影响域分析。

4.6.1　基于代码对需求覆盖的分析技术

通过对软件初始版本进行代码审查，建立软件代码、需求、测试用例的跟踪关系表。其中针对所有软件需求应该对应到代码行或者代码行集合（函数属于代码行集合的一种），而针对软件中无法对应到需求的底层函数（如三角函数运算、通信模块等）应单独标识。

回归测试时，根据当前软件版本相对于初始软件版本之间的需求更动，查找更动需求所对应的代码，建立更动需求与代码对应关系表（表 4.3）及更动需求与测试用例对应关系表（表4.4），如果为新增需求则在对应测试用例中明确标识。

表 4.3　更动需求与代码对应关系表

序号	更动需求标识	需求描述	对应代码行（起始行号~结束行号）
1	TR-NEW-001	增加接收复位指令处理	171~199

表 4.4　更动需求与测试用例对应关系表

序号	更动需求标识	需求描述	对应测试用例	是否为新增测试需求
1	TR-NEW-001	增加接收复位指令处理	TC-NEW-001	新增需求

回归测试时，通过对当前软件版本与初始版本进行代码比对，得到代码更动表。代码比对采用函数定位+文本比较的方法，能够准确分析新增函数或者删除的函数，并确定每一个函数内部的代码行变化。代码更动按照如下分类：需求更动、完善设计、修改问题。针对所有代码更动建立更动代码—需求—测试用例对应关系表（表 4.5），如果为新增代码（函数），应确认其对应新增需求还是对应原有需求，如果对应新增需求的则在对应测试用例中明确标识。而针对其中属于需求更动类的代码更动应建立代码更动表与需求对应关系表（表 4.6）。

表 4.5 更动代码—需求—测试用例对应关系表

序号	更动代码行（起始行号~结束行号）	对应更动需求	对应更动需求属性（新增需求/原有需求）	对应测试用例	备注
1	171~199	TR-NEW-001	新增需求	TC-NEW-001	新增用例对应新增需求

表 4.6 代码更动与需求对应关系表

序号	更动代码行（起始行号~结束行号）	对应更动需求	对应更动需求属性（新增需求/原有需求）
1	171~199	TR-NEW-001	新增需求

4.6.2 对代码更动影响分析的技术

对代码更动的分析可以借助静态分析工具进行，重点分析程序的结构变化、全局变量的数据流变化等。

1. 软件结构分析

首先分析是否影响了软件的结构，如是否增加了新的中断、是否调整了原有中断的优先级、是否增加了新的函数、这些函数被哪些函数调用、是否会影响调用函数所在功能的执行时间。要分析结构变化对性能的影响，特别是引入中断、调整中断优先级、增加函数后，可能对原有各中断时序产生影响。如果软件结构发生变化或者代码更动量较大（如更动比例大于 10%），则需要对软件性能重新进行测试。

2. 全局变量分析

应该分析是否增加了新的全局变量（资源），是否修改了原有全局变量（资源）的数据流。全局变量的赋值和引用是分析的重点，也是经常容易出错的地方。如果有对全局变量赋值和引用的修改，则应对该变量重新进行全面分析，并在动态测试时设计专门用例来进行测试。

3. 参数修改分析

分析是否有参数的修改。参数修改主要有两类，下面分别进行说明：

（1）一类是用来做判断影响控制流的，用来做判断的参数经常对应软件中的边界、阈值等，因此针对这类参数不仅要重新进行相关功能测试，还需要重新进行边界测试。

（2）另一类是只用来赋值或者参与计算的（即不影响控制流），针对这类参数只需要进行功能测试。

第5章 航天器软件测试常用工具

软件测试工具包括静态分析工具、动态测试工具。而静态测试工具又包括编程规范检查工具、度量分析工具等。动态测试工具则包括测试用例生成工具、测试装配工具、覆盖分析工具、性能分析工具、比较工具、测试管理工具等。很多商业工具都集成了上述各工具的功能，属于集成工具套件。下面对航天器软件测试中比较常用的几种工具进行简要介绍。

5.1 测试工具套件 LDRA Testbed

LDRA（Liverpool Develop Research Association）Testbed（以下简称 Testbed）是最典型的测试工具套件，是目前航天嵌入式软件测试中广泛使用的工具。它包括若干工具集（Testbed、TBRUN、TBvision、TBreq、RT INSIGHT PRO 等），其功能包括需求跟踪、编程规范检查、软件质量度量分析、单元测试、动态测试覆盖率分析、性能测试等，是一个功能非常强大的软件测试工具。它可以支持不同的编程语言（包括 C/C++、ADA、汇编等）。

5.1.1 Testbed

Testbed 是软件测试工具套件核心，其功能包括软件结构分析、软件度量分析、编码规则检查、代码覆盖率分析、目标机测试等。

5.1.2 TBRUN

TBRUN 是单元测试工具，可以根据单元的输入/输出自动辅助测试人员确定输入变量和输出变量的值，方便设计测试用例，并自动生成驱动模块，无需编写脚本。它能自动识别源代码的修改，对需要修改的测试数据进行跟踪和报告。可以提供包括语句覆盖、分支覆盖、MC/DC 覆盖、路径覆盖、目标码覆盖等多种测试覆盖率指标统计。目前可以覆盖航天器嵌入式软件运行的主要平台，包括 80x86、8051、TSC695、TSC697、各种 DSP 等。

5.1.3 TBvision

TBvison 是代码评审工具，可以按照用户选定的软件标准进行评审，支持多种 C/C++ 代码标准。

5.1.4 TBreq

TBreq 是需求追踪和管理工具，提供了基于需求的测试、测试用例管理、测试计划实施和缺陷追踪功能。

5.1.5 RT INSIGHT PRO

RT INSIGHT PRO 是覆盖率分析和性能测试工具，它包含 Testbed 中的代码插桩工具、分析工具和配套的硬件数据采集工具。其原理为 Testbed 完成在代码分支点位置的插桩，插桩代码的作用是向固定硬件端口发送特征值，数据采集工具采集这些特征值传回 Testbed，再由 Testbed 进行覆盖率分析和性能分析。

5.2 静态代码检查工具 SpecChecker

SpecChecker 是一款 C 语言静态代码检查工具，专为软件工程师、特别是安全关键领域的开发工程师设计，可用来检测编码错误和安全编码标准符合性，支持 GJB 5369、GJB 8114、MISRA C 以及中国空间技术研究院院标《航天器 C 语言软件编程约定》等安全关键领域常用编码规范，可在已有代码和新开发代码的任何开发阶段使用，通过编译时的检查有效改善代码质量，降低程序失效的风险。

5.2.1 SpecChecker 采用的核心技术

SpecChecker 紧密结合嵌入式软件中断并发的特点，提供了基于静态分析的中断数据访问冲突检测方法，能够帮助用户高效、准确地发现潜在的数据访问冲突问题。SpecChecker 是目前唯一一款支持该类错误检测的商用工具。SpecChecker 还可用于辅助代码审查，利用可视化的代码结构分析提高审查效率，同时支持 50 项度量指标的自动分析，能够导出自定义格式的中文报告。

5.2.2 SpecChecker 的主要功能

SpecChecker 的主要功能包括：

（1）SpecChecker 支持 250 条编码规则，覆盖 GJB—5369、GJB—8114、Misra C 2004、中国空间技术研究院院标准等常用 C 语言编码规范，并且提供规则集配置功能，方便用户根据个性化需求创建不同的规则集，用于安全规则检查。同时，SpecChecker 是国内厂商自主开发的产品，在自定义规则的定制开发方面能够提供即时有效的支持。

（2）SpecChecker 支持代码行、注释率、圈复杂度、基本复杂度、调用层次、最大 LCSAJ 密度等 50 项度量指标的分析。同时，SpecChecker 还能够基于 ISO—9126 标准对软件质量进行四个方面特性的量化评估。

（3）SpecChecker 支持精确的数据流分析，对三种数据流异常"未初始化即使用""赋值后未使用就再次赋值""赋值后未被使用就退出作用域"都能有效检测。

（4）SpecChecker 提供代码结构分析与可视化功能，辅助用户进行高效的代码审查。

可视化主要包括程序控制流图和调用关系图，其中调用关系图分为全局调用关系、函数调用关系、函数被调用关系三种视角。

（5）SpecChecker 支持共享变量与数据竞争分析。给定程序中并发执行的入口函数，SpecChecker 利用全局调用关系分析能够找出并发程序中所有的共享变量；进一步利用全面的路径分析和变量访问序模式分析能够发现潜在的原子性问题。SpecChecker 利用问题的表象特征值进行统计排序，将最可能发生的、最严重的缺陷排在分析结果的最前列，可提高人工审查的效率。

（6）SpecChecker 对所有分析结果都提供导出功能，支持的格式有 HTML、MS Word 和 PDF。并提供可定制的、可独立分发的中文测试报告，极大程度地满足用户个性化文档工作的需求。

（7）SpecChecker 内置支持标准 C、C51、GNU C、TI DSP 等各种 C 语言子集，并可通过自定义配置支持任意编译平台，包括 ARM、Keil、GNU GCC、Green Hills、WindRIVer、Visual Studio、QNX。支持的运行平台包括 Microsoft Windows 9x/NT/2000/XP 及以上。

5.2.3 SpecChecker 的性能指标

SpecChecker 的性能指标如下：
（1）可适用于 20 万行规模的代码分析；
（2）对 1 万行规模软件进行 100 条规则检查的平均时间为 40s。

5.2.4 SpecChecker 与同类产品对比分析

与同类国外工具 LDRA Testbed 和 QAC 相比，SpecChecker 的优势如表 5.1 所示。

表 5.1　SpecChecker 和 LDRA Testbed、QAC 的对比

工具名称	SpecChecker	LDRA Testbed	QAC
用户界面	全中文 Eclipse 流行 IDE 操作界面。支持与 WindRiver Workbench、CCS 3.0 等开发环境的集成；支持 Makefile、CCS、Keil 工程文件的自动导入	Windows 风格界面，无汉化，无 IDE 集成，需要从开发环境转移到新的环境测试	Windows 风格界面，无汉化，无 IDE 集成，需要复杂配置创建分析
静态分析能力	准确支持 GJB—5369、《航天器 C 语言软件编程约定》等本地标准	支持 MISRA—2004 等，部分支持 GJB—5369、五院院标，缺乏本地化定制能力	同 Testbed
共享变量分析	自动分析任务、中断入口函数，计算可疑的共享变量访问	不支持	不支持
结构可视化	支持对控制流图和调用图的可视化，可定位到编辑器	可查看控制流图概要结果	不支持
报告生成	支持 HTML、XML、MS Word 格式的自动生成。HTML 报告支持语法高亮和错误定位；Word 报告支持模板定制	生成 HTML 格式报告	无法导出报告
代码审查	分析结果支持代码审查，用户可标注审查注释	不支持审查注释	不支持审查注释
规则定制	自主研发，支持用户规则的准确、快速定制	国外代理产品，不支持准确定制	国外代理产品，不支持准确定制

5.3 单元测试工具 SunwiseAUnit

单元测试工具 SunwiseAUnit 是由北京轩宇信息技术有限公司开发的一款具有显著技术特点的产品。它主要用于进行嵌入式 C 程序的单元测试，在软件开发早期快速、自动化地实施单元测试，提前发现软件缺陷，从而提高软件质量。

5.3.1 SunwiseAUnit 的主要功能

SunwiseAUnit 的主要功能包括：

1. 提供可视化的用例设计视图

SunwiseAUnit 为用户提供类表格的用例设计视图，能够自动获取展示函数的接口、全局变量、底层调用等信息。

使用该工具进行单元测试用例设计的过程如下：

（1）用户无需编写任何代码，仅需要在设计视图中填充相应的输入值和返回值，就可以完成用例的设计。

（2）用例设计视图应能够提供复制、删除等操作。

（3）能够在该视图下支持复合类型、指针、函数桩的输入、输出设置。

2. 自动生成测试脚本和驱动

SunwiseAUnit 针对自动生成测试脚本和测试驱动提供以下支持：

（1）SunwiseAUnit 可根据可视化用例设计的结果，自动生成测试执行需要的脚本和测试驱动程序。

（2）所生成的脚本和驱动能够编译后直接运行。

3. 自动生成测试用例

SunwiseAUnit 针对自动生成测试用例提供以下支持：

（1）SunwiseAUnit 能够支持大多数 C 程序测试用例的快速生成，所生成的用例无需任何改动即可执行，并能够满足 80%以上的语句和分支覆盖要求。

（2）SunwiseAUnit 自动生成应支持位操作、浮点运算、函数桩、全局变量、指针等。

4. 支持在高可信度的环境中运行测试

SunwiseAUnit 针对目标机环境测试提供以下支持：

（1）能够支持在目标平台的模拟器上运行测试。

（2）SunwiseAUnit 可提供无需插桩的测试执行和覆盖率获取，避免大幅度影响执行性能。

（3）能够提供无需编译的测试用例执行模式。使用户编译好被测软件后就可以进行单元测试，在不具备编译环境的情况下仍可以测试。

5. 函数桩的特性支持

SunwiseAUnit 能够自动分析函数调用关系和接口，自动生成默认的函数桩。

SunwiseAUnit 针对函数桩可提供以下支持：

（1）提供可视化的函数桩实例化方式。

（2）函数桩能够对全局变量、返回值、硬件端口等进行输入指定。

（3）支持函数调用序列验证、函数实参验证等输出指定。

（4）支持多次调用指定不同函数桩。

6. 覆盖率分析

SunwiseAUnit 针对覆盖率分析可提供以下支持：

（1）能够支持语句、分支、MC/DC 的覆盖率分析。

（2）能够支持单个用例或用例集的覆盖率叠加分析。

（3）提供基于源码文本标注和流程图标注的覆盖率可视化视图。

7. 测试用例的管理和复用

SunwiseAUnit 针对测试用例管理和复用提供以下支持：

（1）能够支持测试用例的导入、导出，可进行归档存储。

（2）被测软件代码修改后能够复用已设计的用例。

（3）回归测试中，支持已有用例的复用。

8. 自动报告生成

SunwiseAUnit 针对测试报告生成提供以下支持：

（1）能够自动生成满足归档要求（如 GJB—114）的中文单元测试报告。

（2）报告格式可定制，生成格式包括 HTML、PDF、Word。

9. 集成静态分析功能

可集成静态分析功能，支持 GJB—5369、GJB—8114 等编码标准的符合性检查，支持圈复杂度、注释率、代码规模等常用度量项分析。

5.3.2　SunwiseAUnit 与同类产品的对比分析

SunwiseAUnit 与市场上同类商业工具的对比如表 5.2 所示。

表 5.2　SunwiseAUnit 和 LDRA Testbed、C++ Test 和 Cantata 的对比

工具名称	SunwiseAUnit	Testbed	C++Test	Cantata++
图形界面用例设计	表格驱动	一般方式	一般方式	一般方式
接口信息融合显示	全自动提取融合显示	需用户创建用例时选择 复合类型需选择元素	无	多个视图切换
自动生成测试驱动	是	是	是	是

工具名称	SunwiseAUnit	Testbed	C++Test	Cantata++
支持目标平台运行	支持	支持部分	否	否
是否需要联合编译	可不编译	需要编译	需要编译	需要编译
内建编译平台支持	是，多种	是	是	是
函数桩可视化定义	支持各类复杂逻辑	复杂情况需要编写代码	需编写代码	复杂情况需编写代码
函数调用序列比较	是	否	否	是
用例数据可重用性	是	不支持	不支持	部分支持
目标码级覆盖率	是	否	否	否
测试输入自动生成	基于符号执行，高效	基于随机极限，效率低	无	基于符号执行，复杂情况无法生成
中文测试报告生成	是	否	否	是
是否支持静态分析	支持	支持	支持	否
技术支持	本土产品研发团队提供技术支持，快速响应	国外工具，本地技术支持	国外工具，本地技术支持	国外工具，本地技术支持

5.3.3 SunwiseAUnit 的主要技术指标

SunwiseAUnit 的主要技术指标包括：

（1）支持标准 C、C51、GNU C、TI DSP 等各种 C 编译环境，可通过自定义配置支持任意编译器。

（2）支持可视化单元测试用例设计。

（3）支持单元测试用例数据的自动生成，平均分支覆盖率达 80%。

（4）支持语句、分支、MC/DC 覆盖率分析和可视化显示。

5.4 静态代码检查工具 QAC

QAC 是 PRQA 公司的产品，其强项在于编程规范检查，它可以支持 2000 多条 C 语言的编程规则和多种常见规则集（MISRA C++ 2008、GJB 5369 等），用户也可以自己定义规则集。PRQA 公司成立于 1986 年，总部位于英国 Hersham。PRQA 被世界范围内的高级软件开发人员、行业专家、标准团体认可为编程标准专家。PRQA 的主要业务是代码完整性管理系统的开发，保证高质量软件，提供相关的自动化测试/管理工具，提供专业的咨询和培训业务。其产品以及服务广泛应用于汽车、电子商务、医疗器械、生产和通信等领域。

QAC 是一个完全自动化的代码静态分析工具，可以提供编码规则检查、代码质量度量、软件结构分析等功能，QAC 以其能全面而准确地发现软件中存在的潜在问题的能力得到客户的广泛认可。

其主要功能如下。

5.4.1　代码自动审查

QAC 能够对 C/C++代码规则进行自动检查，报告所违反的编程标准和准则，减少代码审查所需的时间，使软件工程师在开发阶段就可以避免代码中的问题，提高代码的质量，缩短后期动态测试的周期。其代码审查界面如图 5.1 所示。

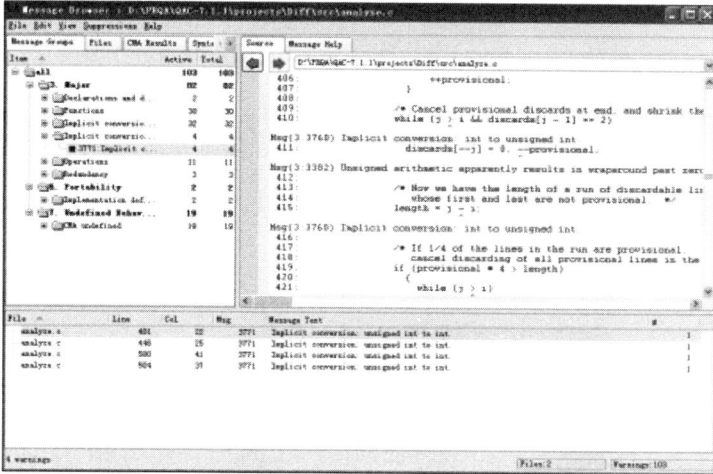

图 5.1　QAC 的代码审查结果

5.4.2　代码质量度量

QAC 提供权威的度量指标分析能力，包括 60 多种 C 语言度量和 20 多种 C++度量，为不同成熟度企业的软件质量改进提供客观准确的依据。其度量分析结果如图 5.2 所示。

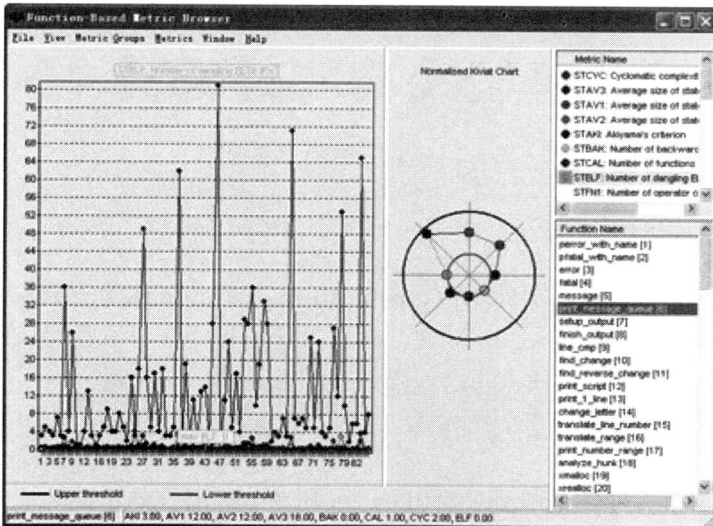

图 5.2　QAC 的质量度量结果

5.4.3 QAC 支持的代码标准

QAC 全面支持多种最新编程标准(ISO、MISRA-C:2004、MISRA-C++:2008、JSF、EC++等),及多种其他行业编程规则。QAC/QAC++能够发现 1500 多种 C 语言问题、800 多种 C++的问题。并提供方便的二次开发接口,可以让软件质量工程师定制符合部门要求的规范。

5.4.4 测试管理功能

QAC 能够对全生命周期的测试过程提供代码质量管理解决方案,通过 QA Verify 插件,开发经理可以随时通过网页监控项目质量趋势、跟踪缺陷状态、定义复合度量、对比分析质量、定制生成质量报告,并和 Baseline 插件一起,进行测试的版本管理和控制。其测试管理相关界面如图 5.3 所示。

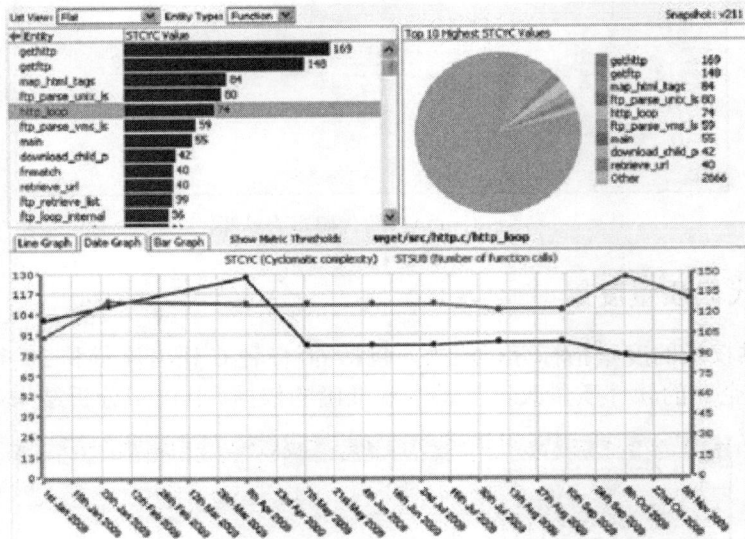

图 5.3 QAC 的测试管理功能

5.4.5 结构分析能力

QAC 能够在功能模块、文件引用、函数调用、代码控制流等不同层次,进行软件结构分析和诊断。通过 Structure101 插件,软件设计工程师在可以在集成阶段更好地理解软件架构,解析依赖关系,裁汰冗余代码。

5.4.6 工具集成

QAC 可以非常方便地集成到各种 IDE 中,开发工程师在熟悉的环境中就可以进行代码审查,例如 MS VC++、Tornado、Source Insight、GCC、Keil C、C++ Builder、Eclipse、CodeWarrior、Rhapsody 等。QAC 提供了强大的 CLI 接口,可以方便地实现自动化测试脚本。通过所提供的插件包和配置生成器，测试工程师可以快速地搭建起各种嵌入式平台下的测试环境，实现强强联合，构成静动态一体化测试环境。

5.5 其他测试工具

其他的常用测试工具还有 CANTATA++、COVERITY、KLOCWORK、CODETEST、OCCoverage 等。

5.5.1 CANTATA++

CANTATA++是一种测试工具套件，它的功能包括静态分析、单元测试、覆盖率分析等。该工具的单元测试功能比较强大，可以自动生成驱动模块、桩模块，并自动比较实际结果与预期结果的一致性。此外它还能自动生成基于覆盖率的单元测试用例，减少测试人员工作量。

5.5.2 COVERITY 和 KLOCWORK

COVERITY 和 KLOCWORK 都是静态分析工具，其重点是在于分析软件中可能存在的各种错误，如数组越界、变量未初始化、空指针引用、数据溢出等。这 2 个工具由于采用了比较精确的分析算法，使得针对上述错误分析结果比较准确，误报率较低。

5.5.3 CODETEST

CODETEST 属于基于代码插桩的动态测试工具，功能包括测试覆盖率分析、性能测试等，其技术原理与 LDRA 公司的 RT INSIGHT PRO 比较相似，但是由于其算法更先进，数据采集设备能力更强，因此其插桩代码较小，对软件性能影响也较小。而且它可以支持各种目标环境。

5.5.4 OCCoverage

OCCoverage 属于非插桩的动态测试工具。其主要功能也是覆盖率分析、性能测试等。它对于被测软件没有影响，通过分析从地址线、数据线采集的数据来分析软件的执行情况和执行时间，从而得到目标码级别和源代码级别的覆盖率和软件时间性能。但是其支持的芯片比较有限，主要包括 80C31 系列、80x86 系列、TSC695F 等。

第6章　航天器软件测试过程与实践

第2章介绍了航天器软件研制的技术流程，其中包含了各种测试阶段的工作。第3章、第4章介绍了航天器软件测试技术，第5章则介绍了航天器软件测试中的各种常用工具。本章则将这些内容有效结合，将介绍如何在航天器软件测试各阶段中运用这些技术，使用这些工具来实施不同阶段的测试工作，即如何完成完整的航天器软件测试过程。而对一些重要的测试阶段，我们将给出实例，力图使技术介绍更加贴近工程实际。

6.1　软件测试基本流程

针对上面提到每个测试阶段（如单元测试、组装测试、确认测试、第三方独立测试等，验收测试除外），均包括编写测试计划、设计测试用例并编写测试说明、实施测试并编写测试报告等过程。其中测试计划、测试说明和测试报告还需要分别进行评审。

6.2　单　元　测　试

6.2.1　单元测试过程

单元测试验证程序与软件详细设计的一致性，是软件动态测试的最基本部分。当被测单元已经完成了编码和调试，能够通过编译和连接并达到执行状态时才能进行单元测试。

1．航天器单元测试的基本技术要求

单元测试的基本技术要求为：与软件详细设计说明要求完全一致，并在此基础上达到测试覆盖率要求，即达到两个100%的覆盖率，所有模块语句覆盖率和分支覆盖率分别达到100%，这是航天器软件单元测试的基本要求，是针对所有编程语言编写软件的要求。

2．高安全性软件的覆盖率要求

针对使用高级语言编写的程序，某些具有更高安全要求的软件或者重大航天型号（如载人航天）还提出了更高的要求，如 MC/DC 覆盖率达到100%，（编译后）目标码的语句覆盖率和分支覆盖率分别达到100%等。

软件覆盖率统计一定要使用技术手段，即使用工具，而不能采用手工统计的方法。常用的航天器软件单元测试工具介绍详见本书第 5 章。

3．桩模块和驱动模块

由于单元测试的对象是程序单元，而程序单元并不是一个可以独立运行的程序。此外，在对每个单元进行单元测试时，也不能完全忽视它们与其他模块之间的相互关系。为了模拟这种关系，并为程序单元构成一个完整的执行环境，需要建立两种辅助测试模块：驱动模块和桩块。

驱动模块用于模拟被测单元的上层模块，测试执行时由驱动模块调用被测单元使其运行；桩模块用于模拟被测单元在执行过程中所调用的模块，在测试执行时桩模块使被测单元能够完整闭合地运行。由于被测单元可能调用多个其他模块，故可能存在多个桩模块。

驱动模块在单元测试中相当于一个主程序，它接收测试数据，将这些测试数据传送给被测单元，启动被测单元运行，并输出相应的结果。桩模块由被测模块调用，它需要模拟由被测单元所调用模块的功能，返回适当的数据或执行适当的操作以使被测单元能够继续运行下去，同时它还要进行一定的数据处理，例如输出入口点和出口点，以便能检验被测模块与其下级模块之间的接口。

4．单元测试的基本方法和任务

单元测试通常由编程人员进行，通常把满足覆盖率指标当作基本目标，综合运用白盒测试、黑盒测试等技术，达到最终的覆盖率要求。

单元测试的任务是测试软件单元的对外接口、功能实现、重要执行路径、局部数据结构、错误处理路径以及上述各项的边界条件。

1）接口测试

接口测试主要检查实参与形参数目是否相等、实参与形参的属性是否匹配、单位（量纲）是否一致、传到被调用模块的实参的数目是否与形参的数目相等、传到被调用模块的实参的属性是否与形参的属性匹配、传到被调用模块的实参的单位是否与形参的单位（量纲）一致、调用内部函数时参数的次序、属性和数目是否正确、是否引用了与当前入口无关的参数、是否修改只是作为输入值的形参、在不同的模块中全局变量的定义是否一致、是否把常量当作变量传递等。

2）功能测试

功能测试则是依据详细设计说明，验证软件是否完成了所需的功能，重点验证软件的逻辑。

3）重要执行路径测试

重要执行路径是指处在算法、控制和数据处理等重要位置的执行路径，也是由于控制流较复杂而易错的路径。应设计测试用例以发现错误的计算（如运算优先级错误、初始化错误、计算精度不足、表达式符合表示错误等）、不正确的比较（如不同数据类型的比较、错误的逻辑操作符、浮点数判等、错误的循环终止条件、错误修改循环变量等）和不正常的控制流向等错误。

4）局部数据结构测试

局部数据结构是一个主要的错误来源。应设计测试用例来发现下列错误：不一致的数据说明、初始化错误、不正确的变量名、不一致的数据类型、上溢/下溢等。

5）错误处理路径测试

错误处理路径测试与软件测试的覆盖率相关。测试人员应认识到，除了设计存在缺陷，每一行程序代码都是可能执行到的，不能认为错误发生的概率小就不去测试。

6）边界测试

边界测试也是单元测试的主要任务。边界测试用例设计可以参考 3.2.2 节。

6.2.2　单元测试计划

在单元测试计划阶段，测试人员根据软件测试任务书和被测软件设计文档对被测软件进行分析，并确定以下内容。

（1）确定测试充分性要求。

（2）确定测试终止要求。

（3）确定测试资源要求。

（4）确定需要测试的软件特性。

（5）确定需要的技术和方法。

（6）确定测试结束条件。

（7）确定测试进度。

（8）在完成上述工作基础上编写软件单元测试计划。

单元测试计划应包括环境、覆盖性、人员、进度等方面的内容。单元测试计划模板参见附录。

6.2.3　单元测试设计

软件单元测试设计和实现工作由测试人员完成，也可以由软件设计人员完成，包括以下工作：

（1）为了保证软件单元能正常运行，应设计该软件单元的一个驱动模块和（或）若干个桩模块。驱动模块用以模拟被测软件单元的上级模块，桩模块用以模拟被测软件单元工作过程中所调用的模块。针对桩模块和驱动模块的说明应包含在测试用例的说明中。

（2）应对软件（详细）设计文档中规定的软件单元的功能进行测试；将需测试的软件特性进行分解，针对分解后的每种情况设计测试用例。

（3）应对软件单元的错误处理进行测试，例如：检验对非法输入的处理能力。

（4）应对影响上述各条的边界条件进行测试。

（5）测试用例应有唯一的名称和标识。

（6）根据用例设计结果编写单元测试说明。

针对单元测试说明的编写要求如下：

（1）单元测试说明的主要内容为测试用例集，其包含针对所有源文件及函数的测试用例描述。

（2）每个测试用例应包含用例标识（案例标识）和用例描述，有明确的输入说明、预期结果、判定准则和所使用的用例设计方法。

（3）用例描述应以软件设计报告为依据，说明该用例所测试的功能或者所对应的正确或者错误分支条件等。

（4）输入说明中应包含具体的输入（参数或者变量）设置、桩函数（返回值）设置，多次调用桩函数返回不同值的要分别说明。

（5）预期结果应说明变量取值或者软件执行路径等。

（6）判定准则一般为"实际结果与预期结果一致"。

（7）用例设计方法应明确是有效等价类、无效等价类还是边界值等。

（8）单元测试说明模板参见附录。

6.2.4　单元测试执行

测试人员按照测试计划、测试说明的内容和要求执行测试。在执行过程中，认真观察并记录测试过程、测试结果和发现的错误。

根据每个测试用例的预期结果、实际结果和评价准则判定该测试用例是否通过，并将结果记录在软件测试记录中。如果测试用例不通过，测试人员应分析情况，并根据以下情况采取相应措施：

（1）软件单元测试说明和测试数据的错误。采取措施：改正错误，记录错误详细信息，重新执行测试。

（2）执行测试步骤时的错误。采取措施：重新运行未正确执行的测试步骤。

（3）测试环境的错误。采取措施：修正测试环境，详细记录环境修正情况，重新运行该测试。如果不能修正环境，记录理由，再核对终止情况。

（4）软件单元的实现错误。采取措施：填写软件问题报告单，提出修改建议，然后继续进行测试；或者把错误与异常终止情况进行比较，核对终止情况。软件更改完成后，视情况进行回归测试。

（5）软件单元的设计错误。采取措施：填写软件问题报告单，提出修改建议，然后继续进行测试；或者把错误与异常终止情况进行比较，核对终止情况。软件更改完成后，视情况进行回归测试，其中需要相应地修改测试设计和数据。

所有测试用例执行完毕后，测试人员要根据测试的充分性要求和失效记录，确定测试工作是否充分，是否需要增加新的测试。当测试过程正常终止时，如果发现测试工作存在不足，应对软件单元进行补充测试，直到达到预期要求，并将附加的内容记录在软件单元测试报告中；如果不需要补充测试，则将正常终止情况记录在软件单元测试报告中。当测试过程异常终止时，应记录终止的条件、未完成的测试和未被修正的错误。

6.2.5　单元测试结果分析

测试人员根据软件设计文档、单元测试说明、测试记录和软件问题报告单等，对测试工作进行总结，一般包括以下几项工作：

（1）总结单元测试计划和软件单元测试说明的变化情况及原因，并记录在软件单元测试报告中。

（2）对应测试异常终止的情况，确定未能被测试活动充分覆盖的原因，并将理由记录在测试报告中。

（3）确定未能解决的测试事件以及不能解决的理由，并将理由记录在测试报告中。

（4）评价软件单元的设计和实现，提出软件改进建议，并记录在测试报告中。

（5）编写软件单元测试报告，该报告应包括：测试结果分析、对软件单元的评估和建议，报告模板参见附录。

6.2.6　单元测试实践

正如前面所述，航天嵌入式软件区别于运行于 PC 软件的主要特点在于运行环境多样，因此其测试环境搭建也需要随运行环境的变化而变化。

1. 测试环境搭建

针对航天嵌入式软件单元测试而言，首先需要根据运行环境搭建单元测试环境。单元测试的运行环境原则上应与软件运行环境保持一致。因此运行被测软件，需要与被测软件运行环境相同的目标机模拟器（如 Keil 是 80C31 模拟器、CCS 是 C3XDSP 的模拟器等）。所谓搭建测试环境，就是把目标机模拟器与单元测试工具（如 LDRA TESTBED）集成起来，使得软件编译、运行和覆盖率分析等过程可以通过一个完整的过程执行。

2. 测试用例设计

搭建好软件单元测试环境之后，进行测试用例设计。这里需要明确两个概念：测试用例和测试案例。测试用例指对应软件设计的 1 个分支的输入条件组合（对应一个等价类，值可以有若干），测试案例是一组具有确定输入变量值和确定预期结果的条件（即可以通过测试工具输入），因此 1 个测试用例可包含 1 个或多个测试案例。

例如：软件设计报告中规定变量 a 的有效范围为[10，20]，之外无效，那么测试用例有 2 个，即有效变量 a 和无效变量 a，这 2 个测试用例又分别包含若干个测试案例，有效变量 a 的测试案例可以有 $a=11$、$a=19$，无效变量 a 的测试案例可以有 $a=9$、$a=21$等。测试用例（案例）应有唯一的名称和标识，其标识建议为：软件标识_函数名称（或缩写）_测试用例流水号_测试案例流水号_版本号，例如：CTC_Main_01_01_1.00。

3. 测试执行过程

测试执行过程包括如下步骤：

（1）把测试说明中各函数的所有测试用例转换为测试工具可以执行的用例，其名称应与测试说明中描述的测试用例名称保持一致。

（2）根据被测函数的测试需要编写桩模块和驱动模块。

（3）使用测试工具执行测试用例，查看输出结果并与预期结果分析比较；如实际结果与预期结果不一致则进入测试用例不通过的问题处理流程。

（4）执行完测试说明中所有测试用例，如果不能满足覆盖率指标则进入测试覆盖率不满足问题处理流程。

6.3 组 装 测 试

6.3.1 组装测试过程

1. 组装测试的基本要求

组装测试也称作集成测试，它是个很重要但又容易被忽视的过程，这是因为针对该阶段较难提出像单元测试的"两个100%"的覆盖率要求一样的明确技术指标要求，因此其测试充分性难以客观衡量。有人针对组装测试提出过调用对覆盖100%的要求，所谓"调用对覆盖"是指，调用图上每个模块在某个路径上被调用，并且每个被调用的模块被全部可能的调用者调用过，但是针对调用对覆盖也存在着无法用客观统计工具统计的问题，因此组装测试的覆盖率指标难以进行客观统计。

2. 组装测试的目的和任务

组装测试的目的是检验软件单元之间的接口是否正确，并验证程序与概要设计说明的一致性。

组装测试的任务是测试软件单元模块之间的接口、全局数据结构、模块的功能和性能等。

模块之间接口的测试就是上面提到的调用对覆盖，要达到所有的调用对均被覆盖（存在多次调用的要遍历每个调用位置），并应考虑中断的影响。

在进行全局数据结构的测试时，要建立数据依赖图，找出模块引用的各种数据。针对汇编语言程序尤其要重视全局数据结构测试。应设计测试用例使全局数据区两端的数据都得到传递和使用，以便验证全局数据区范围的一致性。

必要时应对组装好的中间功能模块进行运行时间、空间、计算精度方面的测试。由于此时外部系统还没有被完全结合进来，容易对一些性能进行度量，也便于发现真实单元结合后给性能带来的影响。在进行性能测试时可通过仿真平台形成一些人为条件，测试有关功能和性能的降级情况。

3. 组装测试策略

组装测试按组装的策略可以分为渐增式和非增式。非增式是指把所有单元一次组装起来进行测试，这种方法只适用于单元较少的程序，否则容易出现混乱。

渐增式策略又分为自顶向下组装和自底向上组装两种。

4. 自顶向下组装

如图6.1所示的自顶向下组装是按照设计中的结构图自上而下逐步组装和逐步测试，即单元集成的顺序是首先集成主函数，然后按照软件控制层次结构向下进行集成。从属于主函数的模块按照深度优先策略或者广度优先策略逐步集成到结构中。下面用实例说明这两种策略的差别。在图 6.1 中，共有 M1、M2、M3、M4、M5 五个模块完成单元测试，准备进行组装测试。其中由于调用 M1、M2 的 2 个模块未就绪，分别用 S1、S2 代替。

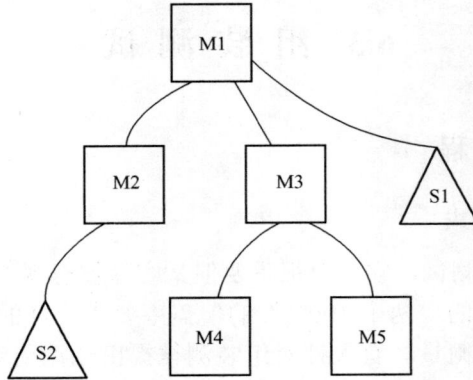

图 6.1　自顶向下集成策略示意图

按照广度优先策略的集成顺序：M1—M2—M3—S1—S2—M4—M5。

按照深度优先策略的集成顺序：M1—M2—S2—M3—M4—M5—S1。

由这个示例可以看出，下层的单元可能未就绪，这是需要编写桩模块代替下层模块，但是桩模块与真实模块的差距可能影响测试效果。

5. 自底向上增量式组装

自底向上增量式组装测试从最底层模块开始，按照结构图自下而上逐步进行集成并逐步进行测试工作。由于从最底层开始集成，测试到较高层模块时，所需的下层模块功能已经具备，不再需要桩模块。

如图 6.2 所示，最底层的单元构成垄断 3 个功能簇 C1、C2、C3。需要为这 3 个功能

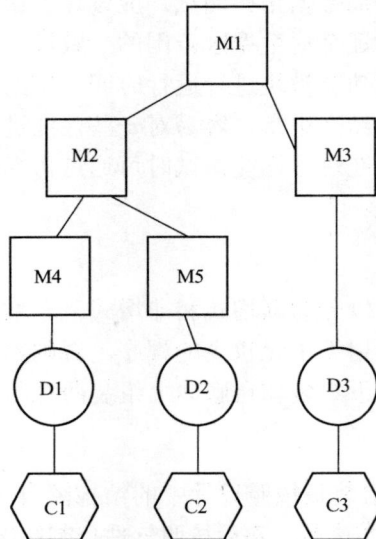

图 6.2　自底向上策略的示例

簇分别开发 3 个驱动模块 D1、D2、D3。D1、D2、D3 分别调用 C1、C2、C3，对 C1、C2、C3 分别进行测试。然后去掉 D1、D2、D3，从上层单元中选择一些单元，以构造更动的功能簇，进行进一步测试。

这两种方法各有自己的优缺点。前一种方法比较有利于从这整个系统角度来评估测试的正确性和有效性，而后一种方法则有利于及时评估已完成的和剩余的工作量。

6.3.2 组装测试计划

组装测试计划的主要任务是依据测试策略和相关文档，例如《软件需求规格说明书》《软件概要设计说明》等确定组装测试目的和组装策略，识别组装测试需求，安排测试进度，规划测试资源，制定测试开始和结束准则，进行缺陷属性的说明、结论的约定，说明回归（组装）测试方法。组装计划应包括环境、覆盖性、人员、进度等方面的内容。组装测试计划模板参见附录。

6.3.3 组装测试设计

组装测试设计的主要任务是确定组装测试方案，包括测试所依据的标准和文档，测试使用的方法例如白盒、黑盒等，另外如果需要编写测试代码或测试工具，还需要准备测试代码与工具的设计描述。组装测试说明模板参见附录。

6.3.4 组装测试执行

组装测试执行主要包括依据组装测试说明中设计的测试用例，编写自动化测试用例脚本或者手工输入测试用例，确保满足测试计划和测试说明中的要求。执行组装测试需要搭建测试环境，运行测试用例以发现组装过程中的缺陷，当发现缺陷提交软件问题报告单，并在缺陷修复后对缺陷的修正进行验证。

6.3.5 组装测试结果分析

测试人员根据软件设计文档、组装测试说明、测试记录和软件问题报告单等，对测试工作进行总结，一般包括以下几项工作：

（1）总结测试计划和软件测试说明的变化情况及原因，并记录在软件组装测试报告中。

（2）对应测试异常终止的情况，确定未能被测试活动充分覆盖的原因，并将理由记录在测试报告中。

（3）确定未能解决的测试事件以及不能解决的理由，并将理由记录在测试报告中。

（4）评价软件结构设计，提出软件改进建议，并记录在测试报告中。

（5）编写软件组装测试报告，该报告应包括测试结果分析、对软件结构设计的评估和建议，报告模板参见附录。

6.3.6 组装测试实践

航天器软件组装测试一般或者使用软件单元测试环境（如 LDRA Testbed）。为了验证软件与真实硬件接口，测试针对硬件接口故障或者反应过程，针对部分接口也可以使用软件确认测试环境进行组装测试，针对确认测试环境的要求可以参见 6.4.4 节的内容。

使用软件单元测试环境进行组装测试的过程与软件单元测试过程大体相同，按照所采用的测试策略（自顶向下或者自底向上），确定是否需要编写桩模块，并设计测试用例进行测试。

测试用例和测试案例命名要求、测试过程等可参照本书 6.2.6 节的要求进行。

6.4 确 认 测 试

确认测试的主要目的是检验软件是否满足软件需求规格说明中规定的软件功能、性能、约束及限制等技术要求。通常采用黑盒测试方法来设计测试用例。主要包括功能测试、性能测试、接口测试、安全性测试、余量测试、强度测试等。

确认测试阶段的基本覆盖要求是对软件功能、性能覆盖率达到 100%。由于软件功能、性能覆盖率不能通过客观工具进行统计，因此这只是一个通用要求，是难以验证的。而某些具有更高安全要求的软件或者重大航天工程（如载人航天）也提出了确认测试的语句和分支覆盖率要求，针对高级语言编写的程序还提出了目标码覆盖率要求。当然在确认测试阶段达到语句和分支覆盖 100% 的要求是很难的，因此其一般提法为"力争达到语句和分支覆盖 100%，对于未覆盖的语句和分支要进行分析和确认"。

针对确认测试的覆盖率统计也要使用工具，而不能采用手工统计的方法。常用的航天器软件确认测试工具介绍详见本书第 5 章。

6.4.1 确认测试策略

1. 功能测试

功能测试是最基本的测试。功能测试应考虑以下策略：

（1）在功能测试中，根据需求所要求的基本数据类型和数据值进行测试，以测试软件在正常条件下的能力。

（2）需用一系列真实的数据类型和数据值进行测试，以测试软件在超负荷、饱和及其他"最坏情况"下的结果。

（3）需要测试软件针对不规则输入的排斥能力。

（4）在测试中，测试用例必须覆盖每个功能的合法边界值和非法边界值。

2. 性能测试

性能测试检验软件是否达到了需求规格说明中规定的各类性能指标，并满足一些与性能相关的约束和限制。

性能测试的策略包括以下方面：

（1）测试软件获得定量结果时程序计算的精确性。

（2）测试在有运行速度要求时完成功能的时间。

（3）测试软件在完成功能时所处理的数据量。

（4）测试软硬件中的某些因素是否限制了产品的性能。

（5）测试产品的负载潜力，测试程序所占的运行空间等。

3. 接口测试

接口测试检验软件与系统之间接口的正确性和协调性。接口测试一般需进行以下方面的测试：

（1）测试软件对系统每一个真实接口的正确性。

（2）检查从接口接收和发送数据的能力。

（3）检查数据格式、类型的符合性。

（4）检查数据的约定、协议的一致性。

（5）检查软件对外围设备接口特性的适应性，如在允许的频率、幅度变化范围内，软件接口部件能否正常工作；在异常情况下，如持续高或低电平和故障状态下的数据混乱、状态混乱，软件接口的反应和处理方式。

4. 安全性测试

安全性测试是检验软件是否满足软件研制任务书规定的安全性准则和要求，重点检验软件的防止灾难性故障的能力，防成败性故障能力和容错能力。

安全性测试一般需进行以下内容：

（1）对安全性关键的软件部件，必须单独测试安全性需求。

（2）在测试中全面检验防止危险状态措施的有效性和每个危险状态下的反应。

（3）对设计中用于提高安全性的结构、算法、容错、冗余及中断处理等方案，必须进行针对性测试。

（4）对软件处于标准配置下其处理和保护能力的测试。

（5）应进行对异常条件下系统/软件的处理和保护能力的测试（以表明不会因为可能的单个或多个输入错误而导致不安全状态）。

（6）对输入故障模式的测试；必须包含边界、界外及边界结合部的测试。

（7）对"0"、穿越"0"以及从两个方向趋近于"0"的输入值的测试。

（8）必须包括在最坏情况配置下的最小输入和最大输入数据率的测试；对安全性关键的操作错误的测试。

（9）对具有防止非法进入软件并保护软件的数据完整性能力的测试；对双工切换、多机替换的正确性和连续性的测试。

（10）对重要数据的抗非法访问能力的测试。

5. 余量测试

余量测试是检测软件对某些性能所具有的余量，如存储余量（RAM、ROM）、时间余量（周期占用余量）、数据余量（数据吞吐余量）、接口余量（输入/输出端口数量）等。

软件的存储余量、时间余量以及数据余量的测试是检测软件的程序存储量、代码运行时间以及接口数据传输量在最差条件下的最大实际值，并将其与软件任务书（需求）中余量要求所规定的数值进行比较，判断是否满足余量要求。

6. 强度测试

强度测试是指在高负载情况下进行的测试，相当于硬件中的压力测试。它要求软件必须运行在设计能力的极限状态下，进而超过此极限，并验证在饱和点的降级不是灾难性的。强度测试在某种程度上可看做是性能测试的延伸。对性能进行的强度测试包括提供要求处理的信息量并超过设计允许的最大值、数据传输能力的饱和试验、存储范围超过额定大小时的能力和相当长时间内软件保持在极限状态下运行的能力等。

对降额能力进行的强度测试是指由于计算机的部分硬件失效而在设计上允许降级运行的系统，对每种可能的降级方式，都必须仔细地加以验证。

此外，针对航天器软件强度测试的时间长度有如下要求：

（1）对于连续运行时间大于 24h 的系统，测试的最小时间长度不应小于 25h。

（2）对于连续运行时间小于 24h 的系统，测试的最小时间长度不应小于其执行 1 次任务的时间。

6.4.2 确认测试过程

与单元测试和组装测试过程相类似，确认测试也包括测试策划、测试设计、测试执行和测试结果分析等阶段。

（1）先采用黑盒方法设计测试用例，包括功能测试用例、性能测试用例、接口测试用例、安全性测试用例、余量测试用例、边界测试用例、强度测试用例等，目标是覆盖所有的软件需求。

（2）执行所设计的用例。

（3）针对需要统计测试覆盖率的软件，使用测试工具统计测试覆盖率。针对未覆盖的语句和分支进行分析，看是否需要补充用例，补充用例并执行后再统计覆盖率，直到在当前测试环境下所有可覆盖的语句和分支均被覆盖。

6.4.3 确认测试策划

1. 确认测试策划的工作内容

应根据软件需求规格说明和设计文档等进行测试策划，一般包括：

（1）确定测试策略。

（2）确定测试需要的技术或方法，如测试数据生成与验证技术、测试数据输入技术、测试结果获取技术。

（3）确定要受控制的测试工作产品，列出清单。

（4）确定用于测试的资源要求，包括软硬件设备、环境条件、人员数量和技能等要求。

（5）进行测试风险分析，如技术风险、人员风险、资源风险和进度风险等。

（6）确定测试任务的结束条件。根据软件评测任务书、合同或其他等效文件的要求和被测软件的特点确定结束条件。

（7）确定被测软件的评价准则和方法。

（8）确定测试活动的进度。应根据测试资源和测试项，确定进度。

（9）确定需采集的度量及采集要求。应根据测试的要求，确定要采集的度量，特别是测试需求度量、用例度量、风险度量、缺陷度量等，并应明确相应的数据库。

2. 确认测试策划的工作成果

应将测试策划结果，按所确定的文档要求形成测试计划。测试计划应经过评审，并应受到变更控制和版本控制。

6.4.4 确认测试设计和实现

1. 确认测试设计和实现阶段的工作内容

应根据需求规格说明和测试计划进行测试设计和实现，应完成如下工作：

（1）按需要分解测试项。将需测试的测试项进行层次化的分解并进行标识，若有接口测试，还应有高层次的接口图说明所有的接口和要测试的接口。

（2）说明最终分解后的每个测试项。说明测试用例设计方法的具体应用、测试数据的选择依据等。

（3）设计测试用例。

（4）确定测试用例的执行顺序。

（5）准备和验证所有的测试用数据。针对测试输入要求，设计测试用的数据，如数据类型、输入方法等。

（6）准备并获取测试资源，如测试环境所必须的软、硬件资源等。

（7）必要时，编写测试执行需要的程序，如开发测试支持软件等。

（8）建立和校核测试环境，记录校核结果，说明测试环境的偏差。

2. 确认测试设计和实现阶段的工作成果

应将上述工作结果，按照所确定的文档要求编写测试说明，测试说明一般应包括以下内容：

（1）测试名称和项目标识。

（2）测试用例的追踪。说明测试所依据的内容来源，并跟踪到相应的测试项的标识（编号）。

（3）测试用例说明。简要描述测试的对象、目的和所采用的测试方法。

（4）测试用例的初始化要求，包括：

① 硬件配置、软件配置（包括测试的初始条件）。

② 测试配置（如用于测试的模拟系统和测试工具）。

③ 参数设置（如测试开始前对断点、指针、控制参数和初始化数据的设置）等的初始化要求。

（5）测试用例的输入。每个测试用例输入的描述中包括：

① 每个测试输入的名称、用途和具体内容（如确定的数值、状态或信号等）及其性质（如有效值、无效值、边界值等）。

② 测试输入的来源（如测试程序产生、磁盘文件、通过网络接收、人工键盘输入等），以及选择输入所使用的方法（如等价类划分、边界值分析、猜错法、因果图以及功能图等）。

③ 测试输入是真实的还是模拟的。

④ 测试输入的时间顺序或事件顺序。

（6）测试用例的期望测试结果。期望测试结果应具有具体内容（如确定的数值、状态或信号等），不应是不确切的概念或笼统的描述。必要时，应提供中间的期望结果。

（7）测试用例的测试结果评估准则。评估准则用以判断测试用例执行中产生的中间或最后结果是否正确。评估准则应根据不同情况提供相关信息，如：

① 实际测试结果所需的精确度。

② 允许的实际测试结果与期望结果之间差异的上、下限。

③ 时间的最大或最小间隔。

④ 事件数目的最大或最小值。

⑤ 实际测试结果不确定时，重新测试的条件。

⑥ 与产生测试结果有关的出错处理。

⑦ 其他有关准则。

（8）实施测试用例的执行步骤。具体步骤应包括：

① 每一步所需的测试操作动机、测试程序输入或设备操作等。

② 每一步期望的测试结果。

③ 每一步的评估准则。

④ 导致被测程序执行终止伴随的动作或指示信息。

⑤ 需要时，获取和分析中间结果的方法。

（9）测试用例的前提和约束。在测试用例中还应说明实施测试用例的前提条件和约束条件，如特别限制、参数偏差或异常处理等，并要说明它们对测试用例的影响。

（10）测试终止条件。说明测试用例的测试正常终止和异常终止的条件。

3. 对确认测试说明的要求

确定测试说明与测试计划或测试需求规格说明的追踪关系，给出清晰、明确的追踪表。

4. 确认测试说明评审

测试说明应经过评审，得到相关人员的认同，受到变更控制和版本控制。根据测试实际情况，修改测试说明。

测试说明评审主要关注的内容包括：

（1）测试说明是否完整、正确和规范。

（2）测试设计是否完整和合理。

（3）测试用例是否可行和充分。

5. 测试就绪评审

在测试计划评审和测试说明评审后，还必须进行测试就绪评审，以确定能否开始执行测试。

测试就绪评审应包括以下内容：

（1）通过比较测试环境与软件真实运行的软件、硬件环境的差异。审查测试环境要求是否正确合理。

（2）审查测试活动的独立性和公正性。

（3）审查测试需求规格说明、测试计划和测试说明评审中的遗留问题是否得到了解决。

（4）审查是否存在影响测试执行的其他问题。

6.4.5 确认测试执行

1. 确认测试执行基本要求

应按照测试计划和测试说明的内容和要求执行测试。

2. 测试记录填写要求

应如实填写测试原始记录，当结果有量值要求时，应准确记录实际的量值。

原始记录应满足以下要求：

（1）受到严格管理。

（2）规范格式。

（3）至少包括测试用例标识、测试结果和发现的缺陷。

3. 测试用例通过判定

应根据每个测试用例的期望测试结果、实际测试结果和评估准则，判定测试用例是否通过。

当测试用例不通过时，应根据不同的缺陷类型，采取以下措施：

（1）对测试工作中的缺陷，如测试说明的缺陷、测试数据的缺陷、执行测试步骤时的缺陷、测试环境中的缺陷等，记录到相应的表格中（如《问题及变更报告》），并实施相应的变更。

（2）对被测软件的缺陷应记录到软件问题报告中，软件问题报告的格式应规范。

4. 测试工作充分性判定

当所有的测试用例都执行完毕后，应根据测试的充分性要求和有关原始记录，分析测试工作是否充分，是否需要进行补充测试。具体包括以下情况：

（1）当测试过程正常终止时，如果发现测试工作不足，或测试未达到预期要求时，应进行补充测试。补充测试应视情况按前述的要求进行。

（2）当测试过程异常终止时，应记录导致终止的条件、未完成的测试或未被修正的错误。

5. 测试过程中补充测试用例要求

在执行测试的过程中，可根据测试的进度情况补充测试用例，但应留下用例记录，并在执行测试后，变更测试说明。

6.4.6 确认测试总结和分析

1. 确认测试总结和分析工作内容

应根据被测软件文档、测试需求规格说明、测试计划、测试说明、测试记录、测试问题及变更报告和被测软件问题报告等，对测试工作和被测软件进行分析和评价。

2. 对测试工作的分析和评价

对测试工作的分析和评价应包括：

（1）总结测试需求规格说明、测试计划和测试说明的变化情况及其原因。

（2）在测试异常终止时，说明未能被测试活动充分覆盖的范围及其理由。

（3）确定无法解决的软件测试事件并说明不能解决的理由。

3. 对被测软件的分析和评价

对被测软件的分析和评价应包括：

（1）总结测试中所反映的被测软件与软件需求（或软件设计）之间的差异。

（2）可能时，根据差异评价被测软件的设计与实现，提出改进的建议。

（3）当进行配置项测试或系统测试时，测试总结中应对配置项或系统的性能做出评估，指明偏差、缺陷和约束条件等对于配置项或系统运行的影响。

4. 其他分析工作

应分析本测评项目中的数据和文档，以供以后的测试使用。数据包括：

（1）缺陷数据（包括缺陷描述、类型、严重性等）。

（2）用例数据；管理数据（如生产率、工作量、进度等）。

文档包括好的用例设计和好的需求规格说明等。

5. 编写测试报告

应根据被测软件文档、测试需求规格说明、测试计划、测试说明、测试记录和软件问题报告等有关文档，对测试结果和问题进行分类和总结，按所确定的文档要求编写测试报告。

6. 测试报告评审

测试评审应在前述的各项工作完成后进行，以确定是否达到测试目的，给出评审结论。评审的具体内容和要求包括：

（1）审查测试文档与记录内容的完整性、正确性和规范性。

（2）审查测试活动的独立性和有效性。

（3）审查测试环境是否符合测试要求。

（4）审查软件测试报告与软件测试原始记录和问题报告的一致性。

（5）审查实际测试过程与测试计划和测试说明的一致性。

（6）审查测试说明评审的有效性，如是否评审了测试项选择的完整性和合理性、测试用例的可行性和充分性。

（7）审查测试结果的真实性和正确性。

6.4.7 确认测试实践

1. 性能测试实践

1）性能测试实例 1——喂狗时间间隔测试

（1）看门狗设计概述。

"看门狗"是航天器软件的常用设计，其目的是防止软件"跑飞"，即长时间执行某个功能陷入"死"循环状态。通常使用看门狗计数器连接计算机的复位端，如果软件陷入"死"循环，则该计数器的值不断增加，当计数器值达到最大值后即引发计算机复位，从而使软件从"死循环"状态恢复。而"喂狗"操作就是为了使得"看门狗"正常工作而定时对其计数器进行清零。很显然，"喂狗操作"时间间隔要小于看门狗计数器的复位周期，但也不宜过小。而对喂狗时间间隔的测试通常需要在真实硬件环境下使用示波器进行，并需要考虑最坏情况，即喂狗操作时间间隔可能最大的情况。

（2）"喂狗"性能测试实例。

某综合显示软件仅在主程序模块中喂一次狗，是通过 GPIO 口相邻两次电平翻转进行喂狗的。因此，主程序的最大执行时间即为软件的最大喂狗时间间隔，主程序运行过程中被 1553B 中断、语音中断、触摸屏中断、定时器中断打断，各个中断之间没有嵌套的情况。而主循环中最多出现一次 1553B 中断、语音中断、触摸屏中断、10 次定时器中断。

针对喂狗时间间隔的最坏情况为：通过 1553B 总线以 1s 为周期发送广播指令，软件在接收到该指令后产生语音中断，触摸液晶屏上的按钮进行操作产生触摸屏中断；在此过程中，利用示波器查看 GPIO 口相邻两次电平翻转的最大时间间隔，检查喂狗时间间隔是否满足性能需求。

2）性能测试实例 2——精度分析

卫星 GPS 接收机软件有一项重要的性能指标就是定位精度和测速精度。

针对定位精度和测速精度进行测试，需要使用 GPS 仿真器。GPS 仿真器可以给出 1 条特定的卫星运行轨道数据，被测软件接收这些数据并按照该轨道数据进行连续定位，连续运行 1 个轨道周期（大约 1.5h 左右）后，使用 MATLAB 7.1 分析计算被测软件给出的位置、速度数据与 GPS 仿真器给出的标准轨道位置、速度数据之间的差值，作为定位精度和测速精度测试结果。

2. 接口测试实践

某数据处理软件使用 485 总线与上位机进行通信，向上位机发送 4 种不同指令，并从上位机接收相应的命令应答帧数据。

针对该接口需要测试被测软件对 RS485 总线接口输入数据的信息格式和内容的处理情况，首先验证收到命令应答帧的数据格式是否与协议一致。针对异常情况考虑从上位机收到命令应答帧帧头错误、帧长错误、校验和错误和应答超时的情况，针对这些情况被测软件是否可以做出正确处理（拒收或者报错）。

3. 安全性测试实践

下面介绍安全性测试实践——三取二功能测试。

（1）"三取二"设计。

"三取二"是航天器软件中一个重要的安全性设计方法，即把一些重要数据（变量、参数等）做三备份，并分别存放在三个不相邻的位置。针对这些三备份数据，一般在使用这些数据进行状态判断前，对数据进行"三取二"操作，即两两进行比较，只有相等才说明这些数据是"完好"的，可以使用，如果有两两均不相等的情况，说明数据遭到破坏，将进行相应处理（一般会发出提示报警信息），并使用缺省数据。

（2）针对"三取二"功能的测试方法。

针对"三取二"功能，一般采用如下测试方法：分别将三备份数据中的一份数据内容强制修改为与其他数据不一致，另两份数据保持不动，运行被测软件，看软件是否使用正确数据而未受单备份数据错误的影响；修改三备份数据中的两份数据与其他数据均不一致，看是否发出提示报警信息，并使用缺省数据。

4. 边界测试实践

1）边界测试实践 1——时间边界点测试

（1）闰秒概述。

闰秒是从 GPS 时间系统向 UTC 时间系统转换的一个重要时间边界点。所谓闰秒是为了消除 UTC 时间系统计时误差，国际天文组织规定每隔 2～3 年，UTC 时间会在某个时间点重复 1s，一般时间点选在 6 月 30 日 24 时或者 12 月 31 日 24 时。因此针对 GPS、BD 等导航信息处理软件必须进行针对这个时间边界点进行测试，以验证导航信息处理软件针对闰秒处理的正确性。

（2）闰秒测试实例。

测试输入为从 GPS 仿真器上设置的跨越闰秒时间点的对应被测系统运行轨道的 GPS 信号，如设置 GPS 仿真器的轨道数据为从 2015 年 12 月 31 日 23 时 30 分起始，2016 年 1 月 1 日 0 时 0 分 0 秒发生闰秒。测试过程中存储 GPS 时间信息（周计数、周内秒计数，均连续变化）和 UTC 时间信息（UTC 时间累积秒，在发生闰秒时间点重复 1 次，其他时间点连续变化），验证被测软件针对闰秒处理的正确性。

2）边界测试实践 2——内存下卸地址边界

（1）内存下卸功能概述。

内存下卸是部分航天器软件具有的功能，其主要目的是验证程序运行过程中软件和数据的正确性，确定是否被意外改写等。按照其功能设计一定要针对被测软件代码和数据所在的内存区域进行下卸，针对被测软件代码和数据所在区域以外的内存区进行内存下卸没有意义，应予以屏蔽。此外在软件设计上一定要保证内存区最后所有字节（包括首字节、末字节等）均能下卸。

（2）内存下卸测试实例。

在测试时分别需要针对内存区的首字节、小于首字节的地址、末字节、大于末字节的地址等进行下卸，验证被测软件针对这些边界地址处理的正确性。经常发现被测软件针对边界处理时存在缺陷的问题，所以一定要针对所有可下卸内存区的首尾地址边界进行测试。

5. 余量测试实践

存储区（RAM）余量测试实践：

在测试开始之前，在软件上电初始化前增加初始化代码，将所有内部 RAM 填充特征码 0xCC（经分析软件中未使用 0xCC 作为数据内容）。在所有测试用例执行结束前通过下传内部 RAM 的内存数据查看内部 RAM 的使用量，统计各个用例的内部 RAM 使用量。

6. 恢复性测试实践

软件复位后参数恢复测试实践：

某软件使用可调参数进行定位解算，同时在 FLASH 中存储一组有效的可调参数。当软件发生复位后软件自主从 FLASH 中恢复该组可调参数用于定位解算，避免软件发生复位后出现可调参数无效的情况。

测试开始后先注入一组有效的可调参数，并使被测软件利用该参数进行定位解算。之后对软件进行复位，一方面通过定位解算计算结果的正确性，侧面验证可调参数恢复的正确性；另一方面可以通过前面提到的内存下卸功能（参见边界测试实践）把可调参数下传下来直接验证可调参数恢复的正确性。

7. 强度测试实践

卫星控制系统软件针对陀螺配置降额的强度测试实践：

正常情况下卫星控制系统均使用 5 个陀螺进行定姿，但是具备 4 个陀螺定姿的能力（考虑 1 个参与定姿陀螺发生故障的情况），并且具有只有 3 个有效陀螺条件下采用其他方式定姿的能力（考虑 2 个参与定姿陀螺发生故障的情况），软件也具备相应的降额能力。

针对卫星控制陀螺配置降额的强度测试，考虑先进行五陀螺正常定姿，然后遍历设置其中任一陀螺故障，即先设置一个陀螺故障，运行一段时间后先将该陀螺恢复，再设置另一个陀螺故障，遍历所有四陀螺定姿情况后再按照相同思路遍历设置任意两陀螺故障，测试三陀螺定姿情况。

6.5　第三方独立测试

6.5.1　概述

航天是国内最早实施软件第三方独立测试的军工行业，实施 20 年来取得了很大的成绩，完成了载人航天工程、探月工程等重大航天工程的软件独立评测任务，也积累了不少经验。目前国内各军工行业都有自己的第三方独立测试机构。

国外航天开发单位（如 NASA）很早就开始使用独立的验证和确认（Ⅳ&Ⅴ）组织及独立的测试组织（ITO）。独立测试组织除了具有行政、经费、人员、技术等方面的独立性外，还可以从心理上形成对开发机构的督促作用。

1. 针对第三方独立测试的独立性要求

目前航天器软件第三方独立测试的独立性要求一般包括：

（1）人员独立。

（2）经费独立。

（3）技术独立。

2. 技术独立的要求

技术独立的要求则包括：

（1）测试用例独立。

（2）测试环境及工具独立。

（3）问题处理过程独立。

实际工作表明，开发方测试与第三方测试对同一个软件发现的缺陷集合往往不完全重合。开发方与第三方测试机构的关系在软件研制的不同阶段各自承担不同的测试任务，职责及工作内容明确，既分工又协作，并且随着不断的技术交流和经验共享而协调发展。

6.5.2 第三方独立测试的技术要求

原则上第三方独立测试的范围可以包括前面提到的各种测试级别和测试类型，是根据独立测试任务书确定测试范围的。但目前航天型号软件的第三方独立测试主要集中在确认测试阶段，因此本书 6.4 节所提到的技术要求均适用于第三方独立测试。不过由于所处位置的不同，第三方独立测试的技术过程与普通的确认测试过程还是有所区别的。

1. 建立基线

承担软件第三方独立测试的机构一般需要编写单独的软件测试需求文档（或测试大纲）作为基线。后续的测试用例设计要对测试需求进行跟踪。测试需求中应明确所进行的测试类型，并逐级分解出各测试类型中的测试项。确定每个测试项的测试充分性要求和测试终止要求，包括测试过程正常终止的条件（如测试充分性是否达到要求）和异常终止的可能情况。

2. 测试环境要求

第三方应尽可能建立独立的测试环境。第三方可以建立各种仿真测试环境，在测试环境中增加各种测试激励，以提高测试的覆盖性。

3. 测试覆盖性要求

针对软件第三方独立测试的测试覆盖性要求与确认测试相同。针对安全性较高的软件也要使用工具统计测试覆盖率。由于第三方测试由独立测试机构承担，可以建立仿真测试环境，模拟软件的一些异常情况，因此可能得到较高的测试覆盖率。

6.5.3 第三方独立测试流程

航天型号软件第三方独立测试流程主要包括项目建立、测试需求分析、测试策划、测试设计、测试就绪、测试执行和测试总结，详见图 6.3。

测试需求分析阶段是第三方独立测试的一个重要阶段。

在该阶段的主要工作包括：

（1）根据被测软件的关键等级和复杂程度选择测试类型，一般应包括静态分析、代码审查、功能测试、性能测试、接口测试、余量测试和边界测试；根据被测软件具体特性，选择安全性测试、数据处理测试、强度测试、可靠性测试、恢复性测试、人机交互界面测试、安装性测试等。

（2）根据被测软件的重要性、测试目标和约束条件，确定每个测试条目应覆盖的范围及范围所要求的覆盖程度等测试充分性要求。

（3）建立测试类型中测试项与被测软件任务书、需求或其他等效文件的追踪关系。

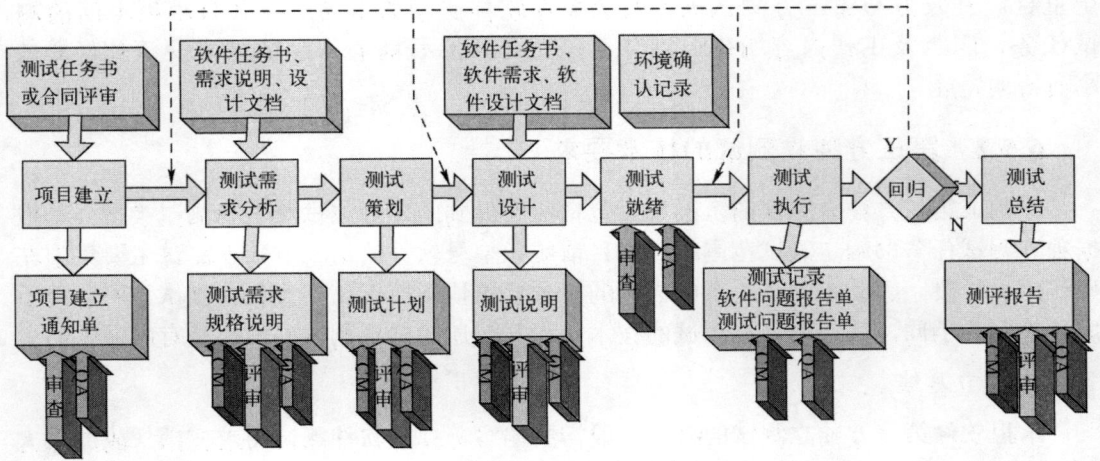

图 6.3　第三方独立测试流程

该阶段的工作成果是测试需求文档或测评大纲，也就是 6.5.2 节提到的第三方独立测试的基线。

第三方独立测试的其他阶段，包括测试策划、测试设计、测试就绪、测试执行、测试总结和分析等，与 6.4 节确认测试过程的各对应阶段要求基本相同，可以参照进行。

6.6　系 统 测 试

系统测试也称系统联试，是指软件与该软件所属的系统对接并测试其接口的过程。系统测试的目的是在真实的系统工作环境下检验软件是否能同系统正确地连接，并满足软件任务书规定的功能和性能要求。

一般说来，软件的系统测试通常包括功能测试、性能测试、接口测试、安全性测试、强度测试等。

在系统测试中，应根据系统要求，对系统研制任务书规定各项功能进行测试，也要对软件的功能进行测试。应重点测试真实环境对软件功能和性能（如数据特性、错误特性、时间特性等）的影响。特别是对时间特性和其他性能指标（如数据处理精度、时间控制精度、时间测量精度、响应时间、控制信号波形等）应进行重点测试。

系统测试应尽量使用真实的目标环境，或者至少是半实物仿真测试环境。

6.7　回 归 测 试

回归测试是指验证软件修改后更动部分的正确性，以及对原有功能、性能的不损害性的过程。也就是检测软件在更改时所引入的缺陷，用以验证软件更改后未引起非预期的有害效果。

6.7.1 回归测试的方法

回归测试是重新确认软件正确性的测试，因此其最"保险"的方法就是运行全部测试用例，但是出于效率考虑，除非拥有自动化测试工具，否则一般并不运行全部测试用例，而是进行选择性的重新测试，其中心任务就是决定哪些测试必须重复。

6.7.2 回归测试的步骤

回归测试的步骤一般为：

（1）根据软件的更改情况，确定回归测试要求。

（2）根据本次软件更改情况进行更改的影响域分析，确定回归测试要求，从而明确需要在回归测试中使用原有的测试用例或者补充新的用例。

（3）运行测试用例，记录测试结果。

（4）分析测试结果，编写测试分析报告。

6.7.3 回归测试的测试范围要求

严格说来回归测试不是一个测试阶段，各个不同的测试阶段都可能产生回归。软件代码发生更改后至少要进行单元测试和确认测试。

单元回归测试的范围为所有发生代码更动的单元模块，针对这些模块必须达到 2 个 100%（语句覆盖率 100% 和分支覆盖率 100%）的覆盖率要求。确认回归测试应该在影响域分析的基础上，对代码更动所对应的功能及其可能影响到的功能和性能进行测试，因此回归测试阶段的关键在于影响域分析。

6.8　测试发现问题处理流程

为强化测试发现问题管理，针对航天器软件制定了严格的问题处理流程。不论在上面的哪个阶段（单元测试、组装测试、确认测试、第三方独立测试、系统测试等）发现的问题，都要按照这个流程进行处理。

航天器软件测试发现问题的主要处理原则包括以下几方面：

（1）问题处理状态清楚。测试人员需要对问题处理过程进行跟踪，即对问题提出、提交给设计师、设计师答复、测试人员确认修改正确性等过程进行完整跟踪，直至问题修改正确。问题处理的状态包括初始提出、审核通过并提交给设计师、设计师已答复、问题结束、问题取消。问题取消又包括审核取消、设计师答复后取消等情况。

（2）问题解决情况清晰。问题解决情况也是需要关注的重要结果，即到底是修改了程序还是修改了文档，还是既修改了程序又修改了文档，还是不做处理（都不修改），测试人员需要对问题解决的最终结果进行确认，只有这样才是完整的问题处理流程。

（3）问题提出和处理要慎重。这是通过在问题提出环节和问题答复环节增加审核实现的。即每一张问题单的提出和答复都要至少经过两个人，目的是提高问题单质量和确认答复意见的有效性。

根据上面确定的处理原则，测试问题处理的流程如图 6.4 所示。

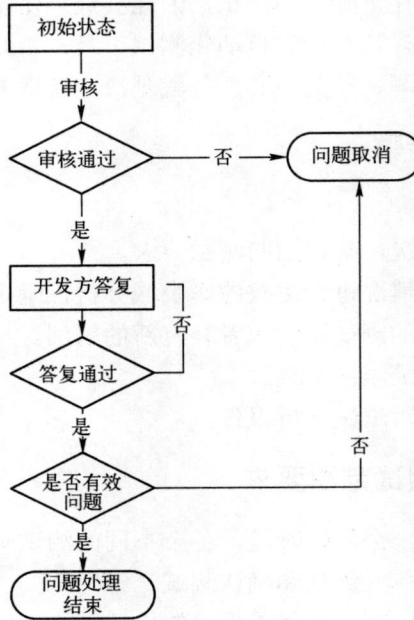

图 6.4　测试发现问题处理流程

应使用缺陷管理工具来对测试发现问题进行处理。常用缺陷管理工具有 IBM Rational 公司的 Clearquest、HP Mercury 公司的 Quality Center/TestDirector、Mozilla 公司的 Bugzilla 等。

第7章　航天器软件典型故障案例分析

7.1　概　　述

在航天器软件研制与测试的工程实践中，积累了大量的软件故障案例。这些案例中的"故障"，有些是在确认测试或者第三方独立测试中发现的，有些则没有在"地面"测试中被发现，一直到航天器在轨运行时才被发现，这一类问题我们称为测试遗漏问题。分析软件各阶段测试中发现的问题，可以更好地总结发现问题的经验，对常见问题进行分类汇总分析；而对软件测试中遗漏问题（特别是遗漏到在轨运行时才发现的问题）的分析，则更有利于提高测试技术，分析测试过程存在的不足。此外本书中还分析了国外航天软件发生的三个故障案例，通过对它们的分析也可以对国内航天器软件研制和测试人员起到一定的借鉴作用。

本书中介绍的典型故障案例大体分为三大类。

（1）简单编程错误。主要指编程语言使用方面的错误，这些问题一般看上去都比较简单，但是其所占比例并不低（据某航天器软件研制单位年度软件问题数据统计比例约为 20%），因此需要认真分析简单问题是如何被遗漏的，如何避免再次遗漏，是否能通过技术手段来解决，这样才能真正提高软件研制人员的技术能力。简单问题如果没有在早期被发现而遗留到研制流程的后期或者在轨飞行时才发现的话，则其发现成本和难度都要大大增加。

（2）相对复杂的错误。主要是指数据访问冲突、堆栈溢出、时序冲突等设计错误，这些错误早期的发现难度相对较高，遗漏以后发现成本和难度则更高，因此如何能尽早发现这类问题是软件研制和测试人员研究和持续努力的主要方向。

（3）运行环境和编译器使用方面的错误。在不同的目标环境下使用 C 语言，各种目标环境和编译器的配置都有所不同，需要对这些配置进行分析，理解不同配置之间的差异。有时针对特定的目标环境有一些特殊要求，违反这些要求可能会导致错误，并且很有可能在目标码中才会体现出来，而在源程序中很难发现存在的错误，本章将会给出这方面的案例。也正是因为在工程实践中有不同种类的编译器在使用，所以航天器软件要求针对高级语言编译后的目标码进行测试，只有这样才能真正发现错误所在。

7.2　测试遗漏问题案例

7.2.1　汇编语言功能相似指令使用错误案例

该案例即属于上面提到的简单编程错误，但是却一直被遗漏到在轨运行阶段。下面对其进行详细分析。

首先提出一个技术问题：汇编语言中 ADD 指令和 INC 都能完成累加功能，那么它们有什么差别呢？答案稍后再说。正是设计人员没有注意到这两条指令的差别而导致某卫星在轨多次出现进入安全模式的故障。

1. 案例概述

某卫星在轨运行时多次进入安全模式。原因是某使用汇编语言编制的星上软件的算术运算子程序中存在编程错误，导致卫星在轨发生轨道跳变，致使系统进入安全模式。

2. 案例机理说明

问题定位于轨道数据瞬时跳变导致系统由正常模式转入安全模式。通过对该软件相关模块进行的分析，确定问题的根本原因是软件的轨道时间计算所调用子程序中存在错误，即该子程序中有一处汇编指令使用错误，来看一下代码比对情况：

错误的代码	正确的代码
NOT BX	NOT BX
NOT CX	NOT CX
INC BX（不影响进位标志位 C）	ADD BX，1（影响进位标志位 C）
ADC CX，0（结果不能加 1）	ADC CX，0（进位标志置位时能加 1）

在汇编语言指令中 ADD BX，1 和 INC BX 都能实现对 BX 加 1 的功能，但是其区别在于 ADD 指令执行结果能影响进位标志位 C，即 BX 溢出时会设置 C=1，而 INC 指令执行则对 C 没有影响。因此当 BX 累加到发生溢出后标志 C 仍然为 0，导致后面的 ADC 指令没有起到应有作用。而该计算中(CX|BX)存放的是轨道时间的计算结果，当这一结果小于 0 时，进行求补计算。由于存在上述代码错误，当存放数据低位的 BX 的取值为 0 时，会造成计算结果与正确值相差 32768，乘以星上当量时间 1/8s，则相差 32768/8s，从而形成轨道数据的跳变。

3. 经验与启示

（1）该问题通过了研制阶段的各项测试直到发射后在轨运行才被发现，说明测试还是存在缺陷的。在单元测试中，只注意了两个 100% 的覆盖（语句覆盖和分支覆盖），忽略了数值计算中特殊值的测试用例的设计，如本案例中当 BX 累加到溢出时的情况。

（2）前面已经说过，单元测试的充分性是软件后续测试工作的基础，每个阶段都要做好自己该做的事情，不能指望后续测试再发现应该单元测试发现的问题。从本案例来看，一旦底层软件的单元测试工作不到位，要想在后续工作中发现问题的难度就大大增加，容易造成带着问题上天，而在轨发现问题的解决成本显然比单元测试发现问题要高得多。

7.2.2 C 语言操作符优先级错误案例

该案例也属于简单编程错误，是软件开发人员对编程语言掌握程度不足导致。

问题：C 语言操作符有几个优先级？如何解决操作符优先级错误的问题？如何发现操作符优先级的错误呢？

1．案例概述

某使用 C51 开发的软件要求在 1 个控制周期内只能根据上位计算机指令进行 1 次控制。如果 1 个控制周期内已执行完 1 次控制，则对新接收到的正确的上位机指令仅回送数据，不执行指令。测试人员分别在不同控制周期情况下，间隔 0.9 个控制周期发送第 2 条上位机指令，发现 2 条指令均能执行。修改发送指令的时间间隔，发现指令的执行与上位计算机指令的发送时间间隔没有关系。经过对程序的分析，发现程序中存在操作符优先级使用错误。

2．案例机理说明

软件中在对 1 个控制周期内的 2 条上位机指令进行判断时采用如下条件：

```
if((RXData[19]&0xC0==0x40)&&(temp1==0x00)&&(TCom<4))
```

其中 RXData[19]的 D7、D6 位表示本周期通信次数，00B 表示第 1 次通信，01B 表示第 2 次通信，temp1 为上一次上位机指令中的 RXData[19]字节。TCom 表示时间计数，在 50ms 中断服务中加 1，当通信成功时清零。

由于"=="运算的优先级高于"&"运算，因此(RXData[19]&0xC0==0x40)的值恒为 0，导致 if 条件语句的真分支不可达，不能实现对 2 条上位机指令进行判断的目的。

3．对测试工作的经验与启示

（1）该问题是在第三方独立测试中被发现的。测试人员在设计测试用例时使用了等价类划分的方法，通过无效等价类（间隔 0.9 个控制周期的 2 条指令）所对应的用例发现了该问题。这说明测试时要重点对无效等价类所对应的输入条件进行测试，开发方测试没有发现该问题，则说明其测试对无效等价类测试不够充分。

（2）C 语言操作符的优先级经常容易混淆。要求开发人员、测试人员记住所有的优先级并不现实，因此要求开发人员针对不能确定的优先级，最好通过使用括号来保证程序逻辑的正确性。而测试人员则应该熟悉各运算的优先级，在代码走查阶段就应充分分析含有多种操作符的表达式，确认其是否满足需求的要求。

（3）在后续的航天器软件编程规范的修订中增加了针对该项的强制类规则。配合编程规范自动化检查工具的使用，可以有效地预防该类错误的再次发生。

7.2.3　中断使用资源访问冲突案例

该案例是资源访问冲突问题，属于相对复杂的问题案例。

问题：及早发现资源访问冲突问题有多重要？资源访问冲突分析时如何考虑开关中断的变化情况？

1．案例概述

某卫星部件控制软件已经通过了研制阶段的各项测试，在发射基地测试时发现有遥测数据跳变现象。经分析确认软件中存在资源访问冲突问题。由于软件已经落焊，为解决该问题导致卫星发射窗口被迫调整，推迟发射半年之久。

2．案例机理说明

80C31 有 5 个中断源，软件中使用了 Timer0 中断和串口中断等 2 个中断。初始化时串口中断是被关闭的，因此软件在主程序中实现"A 轴转角三取二功能"时，仅考虑了关闭 Timer0 中断，忽略了被串口中断打断的情况。虽然串口中断优先级低于 Timer0 中断但是肯定高于主程序，且串口中断程序中还将打开 Timer0 中断，而 Timer0 中断处理程序和主程序中都存在对 A 轴转角计数的操作（主程序中为三取二处理，Timer0 中断中为加 1），因此 Timer0 中断处理程序和主程序中可能存在对该变量的访问冲突，导致 A 轴转角计数在三取二的过程中被 Timer0 中断程序中操作所改写。

3．对测试工作的经验与启示

（1）该问题也是通过了所有阶段的测试而未被发现，说明资源访问冲突问题确实是难点。在进行访问冲突分析时，要使用本书 4.4 节所介绍的技术，列出所有全局变量在主程序和各级中断中的访问情况。从本案例来看，无论是开发方还是第三方在资源访问冲突分析方面都可能还存在变量遗漏或者分析不到位的情况。

（2）此外还要考虑开关中断语句对冲突的影响，在分析时要列出所有的开关中断语句，结合这些开关中断操作前后的变化进行分析。

7.2.4　协处理器堆栈溢出案例

该案例是堆栈溢出问题，属于原理比较复杂的案例。

问题：代码更动后的影响域分析有多重要？

1．案例概述

某航天器软件在经过飞行试验验证的软件版本上修改而成，经各阶段测试，运行正常，在落焊后的分系统测试中，偶然发现返回导航计算异常。如果运行时发生此故障，该航天器将被迫采用弹道式返回。该软件所运行的处理器为 8086，也使用 8087 进行某些数学运算以提高效率。经分析确认为在中断嵌套条件下，8087 协处理器堆栈寄存器资源发生溢出。

2．案例机理说明

在该软件中浮点数运算是采用 8087 协处理器完成的，而 8087 协处理器的运算是在总共 8 个堆栈寄存器中进行的，如果使用的堆栈寄存器超过 8 个，则 8087 协处理器将把非规格化数放入堆栈寄存器。

使用 8087 指令的中断有中断 5、中断 6，还有主程序，优先级为中断 5>中断 6>主程序。而在中断 6 服务程序中对 8087 堆栈寄存器进行了保护，因此可以不用考虑中断 6 对主程序的影响，且中断 5 服务程序中并没有对堆栈 8087 寄存器进行保护。中断 6 中已经使用的最大堆栈寄存器数就是 8，这样如果中断 5 中再有压栈指令的话，当中断 5 打断中断 6 并且中断 5 中再使用 8087 操作时，就会使堆栈寄存器数量超过 8 个，从而产生非规格化数。该非规格化数据又被赋给了导航计算数据，导致导航计算异常。

3. 对测试工作的经验与启示

（1）本软件故障机理比较复杂，既有中断嵌套又有堆栈溢出。不过再复杂的软件其分析技术也是类似的。针对该软件其实只要按照本书中 4.4 节和 4.5 节所介绍的技术要求，列出所有的中断和主程序中的所有资源（8087 堆栈寄存器也是一种资源），推断最大可能嵌套的最坏情况，就能够分析出可能出现的溢出错误。

（2）该错误是由于增加需求而对程序进行更动才引入的。可以确定，该更动影响域分析进行得并不充分。前一版本中在高级中断（中断 5）中是没有使用 8087 操作的，而更动时加入了一些 8087 操作，但在进行影响域分析时没有分析出高级中断中增加的 8087 操作对原有资源的影响，从而导致了错误的设计被引入以及在各级测试中均被漏过。本次更动增加的 8087 操作影响到共享的寄存器资源（相当于全局变量），因此只要按照本书 4.6 节中介绍的更动影响域分析方法列出该资源，就可以分析出影响到的资源，从而找出存在的资源冲突及堆栈溢出的问题。

7.2.5 时序冲突案例

该案例属于时序冲突问题，其机理也比较复杂。

问题：软件的时序设计有多重要？

1. 案例概述

某运行于 TI C3X DSP 的定位导航软件在软件测试过程中发生复位后程序死机的情况，经分析确认是软件的中断之间发生时序冲突导致。

2. 案例机理说明

该软件的外部中断 2 由外部硬件设备触发，其触发频率为 505μs，是软件的最高优先级中断，其处理函数中应该有清除本中断标志的操作，目的是能够响应后续的中断。发生问题的软件也设计了该操作，但是将其放到了中断处理函数的尾部。由于初始化过程中一直是关中断的，直到硬件初始化均完成后才开中断，首次触发外部中断 2 的响应会有延迟（实测大约延迟 450μs 左右），因此在执行第 1 个中断过程（执行约 55μs）中可能会收到下一个外部中断 2 的中断请求，如果后一次外部中断 2 的中断请求刚被置位就执行清中断标志操作，则导致新的外部中断 2 标志置 1 后又被清除，中断不能被响应。而该硬件设备存在如下特性，即如果触发的中断没被响应（即读取某状态寄存器），则不会触发新的中断。如果一直存在这种情况，则导致中断一直不能被响应，从而导致狗咬复位和死机。

3. 对测试工作的经验与启示

（1）中断的触发和响应是两个异步的过程，要重视关中断操作对中断响应的影响，分析中断是否会丢失，丢失有两种情况：一种是电平触发的中断如果超过其保持时间就会丢失，另一种是中断触发频繁导致后面的中断"冲掉"了前面的中断。本案例属于后一种情况。

（2）中断响应并进入处理程序后即可以清除中断标志，这从某种程度也是数据流完整的一种体现。

7.2.6　编译器及运行环境错误案例

问题：前面所说的资源访问冲突都是针对全局资源（变量）进行的，那么软件的局部变量是否也会发生资源访问冲突呢？

1. 案例概述

针对嵌入式处理器编程有一些特殊要求（如针对 C51、C3xDSP 等），如果违反这些特殊要求可能导致错误。某使用 C51 开发软件在开发方测试中发现指令响应异常。其原因为主程序和中断均调用了某函数，而该函数未被显式声明为可重入，导致内存单元存在访问冲突。

2. 案例机理分析

在 C51 中，如果一个函数既被主程序调用，又被中断处理程序调用，则需要把该函数声明为 reentrant，否则内存单元可能会存在访问冲突。

在 C51 中，局部变量不是通过堆栈实现的，而是定义在 RAM 中，因此不同函数的局部变量可能定义在同一个单元，如果不存在重入问题，则这些单元不会存在冲突。如果存在重入可能，则需要把函数显式声明为 reentrant，这样编译器会把该函数的局部变量定义在不同的 RAM 单元以避免冲突。未显式声明的则可能存在冲突。

在本案例中，函数 ANLY_BUS 既被主程序调用又被中断调用，且未显式声明为 reentrant。可以看到编译后 ANLY_BUS 里局部变量 cmd_word 的地址单元是 D：000FH，如图 7.1 所示。

525	--------	PROC	EX1_VAL
526	C:2142H	LINE#	878
527	C:215FH	LINE#	880
528	C:2162H	LINE#	881
529	--------	ENDPROC	EX1_VAL
530	--------	PROC	ANLY_BUS
531	--------	DO	
532	D:0006H	SYMBOL	int_status
533	D:000FH	SYMBOL	cmd_word
534	D:0004H	SYMBOL	stack_top
535	D:0011H	SYMBOL	temp
536	D:0015H	SYMBOL	i
537	D:0001H	SYMBOL	cmd_len
538	--------	ENDDO	
539	C:0E95H	LINE#	889
540	C:0E95H	LINE#	890
541	C:0E95H	LINE#	895

图 7.1　未声明为 reentrant 的 C51 内存局部变量地址分配 1

图 7.1、图 7.2 所示是主程序所调用函数 Cmd_Assort_Prg 中局部变量 cmd_data 所占用的存储器单元地址为 D:000FH，函数 Cmd_Assort_Prg 只在主程序中被调用，且调用函数 Cmd_Assort_Prg 时没有关中断，因为外部中断是随机的，某一时刻若主程序调用函数 Cmd_Assort_Prg 时，恰好有外部中断发生，存储单元 D:000FH 中的数据就有可能发生冲突。

```
1149    -------         ENDPROC          _TRAN_COMMAND_PRG
1150    -------         PROC             CMD_ASSORT_PRG
1151    -------         DO
1152    D:000FH         SYMBOL           cmd_data
1153    D:0010H         SYMBOL           buf
1154    D:001AH         SYMBOL           i
1155    D:0007H         SYMBOL           temp
1156    -------         ENDDO
1157    C:002EH         LINE#            1545
1158    C:002EH         LINE#            1546
1159    C:002EH         LINE#            1549
1160    C:0062H         LINE#            1550
1161    C:0062H         LINE#            1551
1162    C:0077H         LINE#            1552
1163    C:007CH         LINE#            1553
1164    C:007CH         LINE#            1554
1165    C:007EH         LINE#            1555
```

图 7.2　未声明为 reentrant 的 C51 内存局部变量地址分配 2

而把函数 ANLY_BUS 显式声明为 reentrant 之后，编译后 ANLY_BUS 里局部变量 cmd_word 的地址单元是 i：0002H，如图 7.3 所示，即分配到了另一块内存区，从而避免了数据冲突。

```
-------         PROC             _?ANLY_BUS
-------         DO
i:0000H         SYMBOL           int_status
i:0002H         SYMBOL           cmd_word
i:0004H         SYMBOL           stack_top
i:0008H         SYMBOL           temp
i:000AH         SYMBOL           i
i:000BH         SYMBOL           cmd_len
-------         ENDDO

-------         PROC             CMD_ASSORT_PRG
-------         DO
D:0008H         SYMBOL           cmd_data
D:0009H         SYMBOL           buf
D:0013H         SYMBOL           i
```

图 7.3　声明为 reentrant 的 C51 局部变量分配

3. 对测试工作的经验与启示

（1）C51 中使用 RAM 区保存局部变量，而不是使用堆栈，因此需要注意重入函数中局部变量的存储区冲突问题。

（2）重入函数必须通过关键变量 reentrant 来声明，否则不能避免发生冲突。

7.3　测试发现问题案例

本书第 1 章中就提出：测试的主要目的就是发现软件问题（或者错误）。我们使用的各种测试技术都是为了更有效率地发现更多问题。

本节将介绍采用各种不同测试技术发现各类问题的实例，希望读者可以从中进一步学习到这些测试技术的实施过程，领会其技术特点。

7.3.1　静态分析发现问题案例

正如 3.1.1 节所描述的，静态分析是效率最高、成本最低的测试方法，前提是要有能力强大的测试工具。本书第 6 章中介绍的测试工具都具有发现软件错误的能力，应该在软件测试中加强使用。

静态分析发现问题可以分为两种情况，一是通过静态分析发现软件中的编程错误，二是静态分析发现违反编程规范的情况，而违反编程规范可能会导致编程错误。下面分别进行举例说明。

1. 静态分析直接发现软件编程错误案例

静态分析工具可以直接发行的软件错误包括数组越界、变量未初始化就引用、变量溢出等。

1）数据越界错误代码示例 1

```
for(i=0;i<19;i++)
    {
        Reserved3[19] = 0;
    }，其中定义：UINT32 Reserved3[19]
```

说明：数组 Reserved3[19]发生访问越界

2）数组越界错误代码示例 2

```
#define TxAll 249
volatile UINT32  BufferToFlash[TxAll];
for(i=0;i<260;i++)
    {
    BufferToFlash[i]=0;
    }
```

说明：数组 BufferToFlash 通过常数宏定义最大个数为 249，访问到第 259 个元素，发生数组越界。

3）数组越界错误代码示例 3

```
msg.msg_size = (sizeof(Instr_download_para)+1)/2;
p_data = (unsigned char*)(&Instr_download_para);
for(i=0; i<msg.msg_size; i++)
{
msg.msg_data[i] = *(p_data+2*i);
msg.msg_data[i] <<= 8;
msg.msg_data[i] |= *(p_data+2*i+1);
}
```

说明：结构体 nstr_download_para 定义为 47B，最大可访问下标为 46，因此 msg_size 值为 24；For 循环中 i 最大取 23，所以当 i=23 时，指针为 47，超过最大可访问下标，发生数组越界。该数组越界问题属于比较复杂的数组越界问题。

4）引用未初始化变量错误案例

错误代码：case 2:

```
…
health = Get_Bits(P_Line->Line_Word[0],19,1) ;
if( health ==0 )
{…}
break;
case 4:
    …
 if(health==0)
 {…}
```

说明：case 2 分支中由于变量赋值和使用在同一分支里，因此可以保证使用之前被赋过值，即不违反编程规范；case 4 分支中由于变量 health 是在上面 case 2 分支里赋值的，可能会产生未初始化就引用问题。

5）变量溢出错误案例

变量溢出错误比较常见的情况包括无符号整型变量出现负值、整型变量超过表示范围等。

无符号整型变量赋负值案例：

错误代码：float   fmod_s(float a, float b)

```
{
    unsigned int c;
```

```
        float result;
        c = (int)(a/b);（*）
        result = a - c * b;（*）
        return result;
    }
```

说明：当变量 a、b 符号不相同时，其计算结果为负数，先强制转换为 int 类型没有问题，但是再强制转换为 unsigned int 类型后导致变量溢出。

2. 静态分析发现违反编程规范并存在编程错误案例

违反编程规范容易导致编程错误的情况包括：运算符优先级使用错误、赋值操作符（"="）与等于操作符（"=="）用混等。

1）运算符优先级错误案例

运算符优先级是 C 语言编程中最容易用错的，针对该类错误，最有效的避免办法是通过制定相关编程规范来加以约束，如强制使用括号来显式标明运算符优先级。

（1）按位"与"运算符与"等于"运算符优先级错误。

错误代码：if((RXData[19]&0xC0==0x40)&&(temp1==0x00)&&(TAOCCCom<4))

问题说明：由于==运算的优先级高于&运算，因此(RXData[19]&0xC0==0x40)的值恒为 0，导致 if 条件语句的真分支不可达，不能实现对 2 条指令进行判断的目的。

（2）按位"与"操作符与移位操作符优先级错误。

错误代码：g_DataLen=(g_UploadData[0] & 0xff00)>>8+4;

问题说明：本意是计算结果右移 8 位之后再加 4，但是"+"优先级高于">>"，导致实际上变成了计算结果右移 12 位，必然会导致软件功能错误。

（3）取指针操作符与自增操作符优先级错误。

错误代码：*counter++;
                if (*counter >= 5)

问题说明：本意为(*counter)++，但是由于自增操作符优先级高于取指针操作符，造成 if (*counter >= 5) 变为 if （*(counter++)>=5），致使判断结果错误。

测试工具 SPECCHECKER 会报出上述 3 种情况中违反编程规范的情况（即未使用括号显式标明运算符优先级），而针对上述违反情况做进一步分析则可以发现存在的运算符优先级使用错误问题。

2）赋值操作符（"="）与"等于"操作符（"=="）用混错误案例

由于在关系表达式和逻辑表达式中通常都应该使用等于操作符"=="来判断变量或表达式之间的关系，一般不应出现赋值表达式"="，因此针对该类错误，可以通过制定限制赋值表达式在关系表达式或逻辑表达式中出现的编程规范来避免出现类似错误。

错误代码：某敏感器应用软件中针对地面指令，软件应在收到指令后设置标志变量 laser_high_flg 为 TRUE。但是软件在进行标志 laser_high_flg 判断时，将判断语句 if (laser_high_flg == TRUE)错写成了 if (laser_high_flg = TRUE)，即，将"=="错写成了"="，导致 if 判断结果始终为真。

测试工具 SPECCHECKER 会报出该处代码违反编程规范（赋值表达式出现在条件判断语句中）的情况，而针对上述违反情况做进一步分析则可以发现存在的赋值操作符与"等于"操作符用混的错误。

7.3.2 资源访问冲突分析测试发现问题案例

随着测试技术能力的不断提升，在航天器软件的各阶段测试（开发方确认测试、第三方独立测试）中也发现了一些资源访问冲突问题。通过对这些问题的分析和总结，可以指导软件设计人员如何加强全局变量（数据）设计，避免这类资源访问冲突问题的发生。

1. 星时累计过程的资源冲突问题案例

1）案例概述

某航天器软件的星上时间（简称星时）是由软硬件共同实现的。硬件时钟仅进行小数秒的计时，计到整秒后触发秒中断，软件在秒中断服务程序中累计秒计数。在使用星时的时候需要分别读取软件负责累计的秒计数和硬件时钟维护的小数秒部分，两部分合在一起才是真正的星时。使用星时的时候需要读取表示累计秒计数的变量，秒中断服务程序中需要对该变量进行赋值，因此可能产生读写冲突。

2）案例机理说明

发生故障软件的秒中断服务程序代码如下：

```
rtems_isr ExternalIrq0_GPC(rtems_vector_number vector,CPU_Interrupt_frame *isf)
{
on_board_second_of_time=(on_board_second_of_time +1)%0xffffffff;
}
```

软件设计了如下的子程序用于读取星上时间：

```
void Get_onboard_time()
{
unsigned int time_tmp;
on_board_time.second = on_board_second_of_time;---------------①
time_tmp = *(Gpc_counter_reg);------------------------②
on_board_time.milisecond = 1000-time_tmp/10000;
if( on_board_time.milisecond == 1000)
{
on_board_time.second += 1;
on_board_time.milisecond = 0;
}
    return;
}
```

该软件在指令发送、遥测采集和电源管理模块中都进行了星上时间的读取，即都调用了 Get_onboard_time 函数。

对上述两个过程所引起的访问冲突分析如图 7.4 所示。

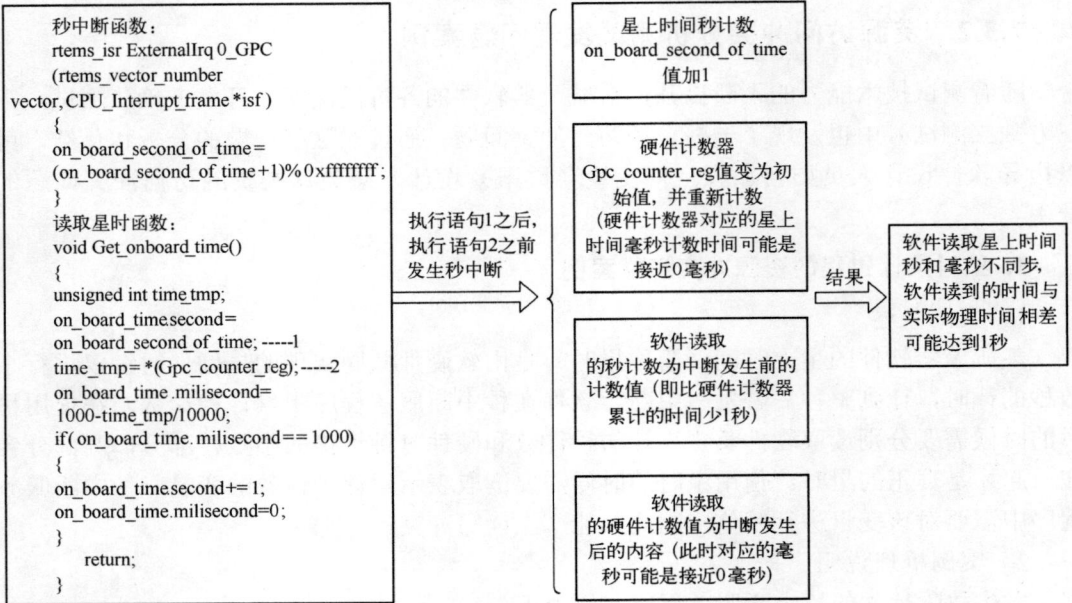

```
秒中断函数：
rtems_isr ExternalIrq 0_GPC
(rtems_vector_number
vector, CPU_Interrupt_frame *isf )
{
on_board_second_of_time=
(on_board_second_of_time+1)%0xffffffff;
}
读取星时函数：
void Get_onboard_time()
{
unsigned int time_tmp;
on_board_time.second=
on_board_second_of_time; -----1
time_tmp= *(Gpc_counter_reg);-----2
on_board_time.milisecond=
1000-time_tmp/10000;
if( on_board_time.milisecond==1000)
{
on_board_time.second+=1;
on_board_time.milisecond=0;
}
    return;
}
```

执行语句1之后，执行语句2之前发生秒中断

星上时间秒计数 on_board_second_of_time 值加1

硬件计数器 Gpc_counter_reg值变为初始值，并重新计数（硬件计数器对应的星上时间毫秒计数时间可能是接近0毫秒）

软件读取的秒计数为中断发生前的计数值（即比硬件计数器累计的时间少1秒）

软件读取的硬件计数值为中断发生后的内容（此时对应的毫秒可能是接近0毫秒）

结果

软件读取星上时间秒和毫秒不同步，软件读到的时间与实际物理时间相差可能达到1秒

图 7.4　星时冲突分析

由于累计秒计数和硬件小数秒之间没有同步关系，导致软件读到的时间与实际时间相差可能达到 1s。因此软件设计人员对程序进行了修改，增加了秒跳变处理机制，即读取星上时间时，如果发生了秒中断而改变时间数据时，重新对时间进行读取，以保证读取的时间秒和毫秒是连续、同步的。

3）对测试工作的经验与启示

由多字节数据组成的变量，必须保证各字节数据之间的一致性和匹配性。

2. 中断冲突导致整型变量高低字节不匹配问题案例

问题：高级语言的 1 行程序编译后可能对应多条代码，这些代码之间可能会被中断打断。本案例中一条对计数变量进行赋值的语言被中断打断造成单片机中整型变量的高低字节不匹配，使得软件 CAN 总线初始化时间间隔低于最低要求。

1）案例概述

软件需求规格说明中规定：连续 100s±11s 未收到符合通信协议的正确数据，自动重新初始化 CAN 总线。由于存在上述资源冲突问题导致实际软件实现的 CAN 总线初始化时间不满足需求规格说明要求（实际约为 87s 左右）。

2）案例机理说明

软件中定义了变量 ms100s 用于表示 100s 定时计数。该变量定义：uint ms100s;在 80C32 单片机中该变量为 2 个字节，存放时占用两个地址单元。

主程序中对该变量赋值语句的反汇编代码：

<pre>
  667:              ms100s=1999; //对应的十六进制数为 0x07CF
(1) C:0x3AAB   900D12   MOV   DPTR，#ms100s(0x0D12)
(2) C:0x3AAE   7407   MOV   A，#0x07
(3) C:0x3AB0   F0   MOVX   @DPTR，A(插入 timer1 中断)
(4) C:0x3AB1   A3   INC   DPTR
(5) C:0x3AB2   74CF   MOV   A，#0xCF
(6) C:0x3AB4   F0   MOVX   @DPTR，A
</pre>

timer1 定时中断中对该变量操作语句所对应的反汇编代码：

<pre>
  2102:   ms100s--;
C:0x3793   900D13   MOV   DPTR，#0x0D13
C:0x3796   E0   MOVX   A，@DPTR
C:0x3797   24FF   ADD   A，#0xFF
C:0x3799   F0   MOVX   @DPTR，A
C:0x379A   900D12   MOV   DPTR，#ms100s(0x0D12)
C:0x379D   E0   MOVX   A，@DPTR
C:0x379E   34FF   ADDC   A，#0xFF
C:0x37A0   F0   MOVX   @DPTR，A
</pre>

发生资源冲突场景如下：完成后地址 0x0D12 中值为 0x07（完成变量 ms100s 高位赋值），插入 timer1 中断，即在代码执行到主程序(3)和(4)之间后进入 timer1 中断，timer1 中执行 ms100s 操作，如果此时地址 0x0D13 值为 0x00，进行−1 操作，需要向高位借位，地址 0x0D12 中的值变为 0x06，地址 0x0D13 值为 0xFF，中断函数执行完后，主程序向地址 0x0D13 写入低位 0xCF，因此变量 ms100s 的值为 0x06CF，对应的计数值为 1743，对应计时约为 87.15s。处理流程图如图 7.5 和图 7.6 所示。

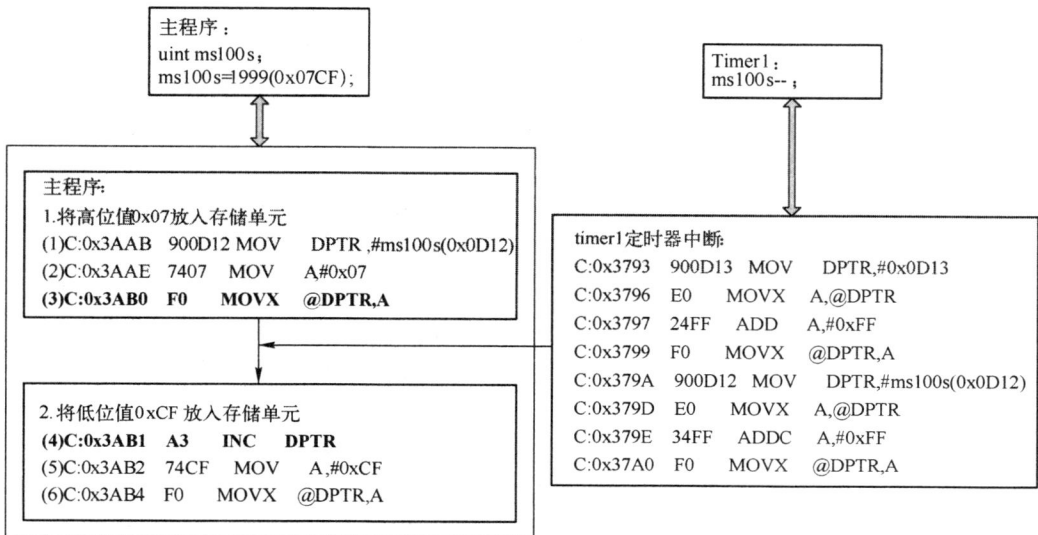

图 7.5　处理流程图

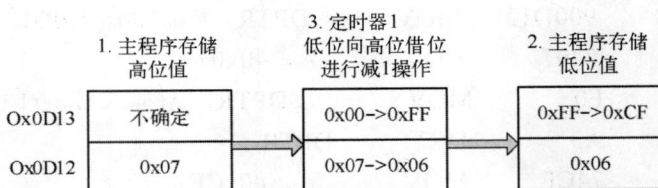

	1. 主程序存储 高位值	3. 定时器1 低位向高位借位 进行减1操作	2. 主程序存储 低位值
0x0D13	不确定	0x00->0xFF	0xFF->0xCF
0x0D12	0x07	0x07->0x06	0x06

图 7.6　存储单元数值变化过程

3）对测试工作的经验与启示

仅从 C 语言源码中分析全局变量是否发生冲突还是不够的，对应于不同的芯片需要了解底层存储和操作方式，尤其是多字节变量在赋值操作时易发生中断冲突导致的高低字节不匹配情况，可以转换成相应的反汇编代码进行分析。

7.3.3　堆栈分析发现问题案例

本书 4.4 节介绍了堆栈分析技术，下面通过一个测试发现问题的分析及定位过程，详细说明针对 C 语言编制软件的堆栈分析到底该如何进行。

1）堆栈分析的基本场景

（1）软件运行环境为 80C31 处理器，使用 C51 进行编程。

（2）80C31 内部 RAM 大小为 128B，变量定义占用了 90B，剩余 38B 留给堆栈使用。

（3）使用了外部中断 0、外部中断 1、定时器 0 中断，定时器 0 中断为高级中断，可以打断其他中断。外部中断 0、外部中断 1 为低级中断，同级别中断不能互相打断。

2）堆栈使用情况分析

C51 软件普通函数调用、中断服务程序的堆栈使用情况如下：

（1）函数调用堆栈增加 2B，将程序指针进行保护。

（2）外部中断 0、定时器 0 中断均使用了 5 个特殊寄存器，因此在其中断触发时，每个中断引起堆栈增加 7B，将程序指针及 5 个单片机特殊寄存器数据进行保护。

（3）外部中断 1 中断使用了 10 个特殊寄存器，因此其触发时，引起堆栈增加 12B，将程序指针及 10 个单片机特殊寄存器数据进行保护。

（4）中断触发时，先对程序指针进行保护，再对特殊寄存器进行保护。

3）最大使用堆栈情况分析

软件函数最大调用深度为 8 级，第 8 级调用的函数只有一个，逆矩阵计算函数 Matrix_inverse。8 级调用共使用 16B 的内部 RAM 空间。在该函数中进行浮点数运算时，keil51 软件调用自带的浮点数运算库，会自动对 4 个特殊寄存器 R4～R7 进行压栈保护。在这 4 个寄存器出栈前，还会发生 2 级调用嵌套（汇编语言的 LCALL 指令），该函数最大使用 8B 的内部 RAM 空间。函数 Matrix_inverse 被调用时的堆栈最大使用量为 90+16+8=114B，被低级中断外部中断 0 打断之后堆栈最大可能为 114+7=121B，再被高级中断定时器中断 0 打断后堆栈最大可能为 121+12=133B，因此可能发生堆栈溢出。

4）对测试工作的经验与启示

（1）进行 C 语言软件的堆栈分析时应全面分析函数的调用深度、可能的中断嵌套情况，才能找出最大可能的堆栈使用情况。

（2）80C31 由于内部存储区限制，其给堆栈所留空间一般较小，因此不论是在软件设计还是测试时都要给予特别关注。

7.4 国外航天软件典型故障案例

7.4.1 火星极地登陆器软件故障案例

1．案例概述

1999 年 12 月 3 日火星极地登陆器在到达火星着陆过程中发生失败。最终原因定位于软件需求遗漏导致霍尔效应传感器错误发出触地信号。

2．技术原理分析

在极地登陆器的每个腿上都有一个霍尔效应磁传感器，用来感受登陆器是否已经触及火星地面。并在触及地面的 50ms 时间内关闭发动机，从而完成着陆的过程。

根据系统方案设计，霍尔效应传感器信号是有使用限制的（目的是避免干扰导致的虚假信号），即在 12m 高度以上，不应使用霍尔效应传感器的信息，但是该要求在极地登陆器的软件需求规格说明中没有体现，因此软件也就没有实现该功能。在极地登陆器着陆前 40m 的高度上霍尔效应传感器信号发生虚假有效，极地登陆器软件向发动机发出了关机指令。正常的触地速度是 2.4m/s，但是由于发动机提前关机，致使登陆器以 22m/s 的速度冲向火星地面。

3．经验与启示

（1）本案例的特征是需求遗漏。需求遗漏是最严重的软件错误，因为后续的工作都是以需求为基础的，源头错误将导致后续的工作都变成无用功，需要在评审时对需求的完整性和二义性等进行严格把关。

（2）测试中发现需求本身存在的问题，这对测试提出了更高的要求，需要测试人员有较多的经验积累，最好具有一些软件设计或者系统测试的经验。

7.4.2 太阳神火箭软件故障案例

1．案例概述

1999 年发射的太阳神运载火箭的目标是把一颗军用卫星送到地球同步轨道。但是错误的滚动角速度滤波参数使得滚动角速度滤波后被错误清零，进而导致整个姿态丢失。姿态丢失导致推进系统过度喷气和燃料损耗。最终卫星未进入预定的地球同步轨道。故障最终定位于开发人员使用了错误的滚动角速度滤波参数，并且角速度滤波功能也是多余的。

2. 机理分析

在第一艘太阳神运载火箭的研制阶段，设计人员引入了滚动角速度滤波，在后来的运载火箭研制中，设计人员发现滤波功能实际上是不需要的，但是为了保证第一艘运载火箭与后续火箭状态的一致性，而没有删除。

在发生故障的火箭软件中，设计人员使用了错误的滚动角速度滤波参数，导致不应执行的滤波功能被激活，进而导致滚动角速度被滤波功能清零。该艘火箭软件相对于之前成功发射的版本软件，只有滤波参数变化，因此在测试过程中测试人员也没有对带有最终滤波参数的滤波功能进行测试，而是在对前期版本滤波功能进行测试的基础上，仅仅对其参数修改情况进行了确认，即最终的错误参数没有进行测试验证。

3. 经验与启示

（1）本案例的特征是软件多余物处理及针对参数修改的验证。

（2）针对参数修改也要进行测试验证，要验证参数修改对功能的影响，而不能仅仅确认参数本身修改是否正确。

（3）多余的功能一定要删除，特别是针对多次继承的软件，防止因版本变化较多导致多余功能的"意外"生效。

7.4.3　DART 航天器软件故障案例

1. 案例概述

2005 年发射的 DART 航天器的目标在于实施针对 MUBLCOM（Multiple Paths Beyond Line of Sight Communications）卫星的不需要地面人员辅助的一系列自主机动。但是在 24h 任务周期的第 11h，发现航天器燃料耗尽，任务失败。在预定的 27 项任务中，只完成了其中 11 项。

2. 案例机理分析

最终的失效定位于过度喷气所导致的软件频繁复位所引起。软件中设计了"如果发生喷气异常则自主复位"的措施，因此当喷气持续异常时软件就会频繁复位而不能执行正常功能，从而导致了燃料的最终耗尽。本案例的特征是自主复位措施及软件容错能力设计。

3. 对软件研制和测试人员的经验与启示

（1）自主复位属于软件的安全性设计措施，但是复位措施不宜设计得过多，要提高软件的容错能力而不是依赖复位。设计人员应认真分析多次复位可能带来的风险；而针对该类设计测试人员要敢于提出自己的意见和建议。

（2）安全关键软件不应对错误数据过度敏感，换言之，就是软件要有较高的容错能力，而复位不属于积极的软件容错措施，只能作为不得已而为之的纠错手段。

附录 A   测试文档模板

A.1   （单元、组装、确认）测试计划模板

1   引言

1.1   标识

/* 软件产品名称和代号。示例如：

软件产品名称：XXX 应用软件

软件标识及版本号：R/XXXK330-4/Y-X.XX */

1.2   项目背景

/* 说明：a. 被测软件的名称；

　　　　　b. 列出任务的提出者、承担者。示例如：/

2   引用文档

/*列出有关的依据文件和参考文件，依据文件包括任务书、本文件所引用的文件等，参考文件包括用到的软件开发标准和参考资料等。 列出这些文件的名称、编号。示例如：/

3   测试范围及覆盖率要求

/* 说明针对共多少个函数进行测试。测试覆盖率的指标要求，通常包括语句覆盖率、分支覆盖率、MC/DC 覆盖率均达到 100%*/

4   测试环境和工具

/*列出进行单元测试所需要的软件和硬件环境，软件环境包括操作系统以及各种相关的应用软件。硬件环境包括所使用计算机等各种设备。*/

/*主要对所使用的测试工具进行必要的介绍。介绍的内容包括本测试工具版本，厂商以及所能实现的功能。*/

5   测试进度

/*列出单元测试人员、时间和函数的分工安排。*/

6 风险分析

/*主要描述意外因素对测试计划的影响，如在单元测试的过程中，工具、人员和时间发生变化对测试进度以及测试报告的完成日期的影响。*/

A.2 （单元、组装、确认）测试说明模板

1 范围

1.1 标识
/* 软件产品名称和代号。示例如：

软件产品名称：XXX 应用软件

软件标识及版本号：R/XXXK330-4/Y-X.XX */

1.2 文档概述
/* 说明：文档适用范围；列出任务的提出者、承担者。*/

1.3 依据文件和引用文档
/*列出有关的依据文件和参考文件，依据文件包括设计报告、本文件所引用的文件，参考文件包括用到的软件开发标准和参考资料等。 列出这些文件的名称、编号。*/

2 项目基本信息

2.1 软件概述
/* 说明：软件的标识、编程语言、代码行数、模块（单元）数等。*/

2.2 开发环境概述
/* 说明：软件运行的目标环境、编译环境等。*/

3 测试范围及覆盖率要求

/* 说明针对共多少个函数进行测试。测试覆盖率的指标要求，通常包括语句覆盖率、分支覆盖率、MC/DC 覆盖率均达到 100%。*/

4 测试环境和工具

/*列出进行单元测试所需要的软件和硬件环境，软件环境包括操作系统以及各种相关的应用软件。硬件环境包括所使用计算机等各种设备。*/

/*主要对所使用的测试工具进行必要的介绍。介绍的内容包括本测试工具版本、厂商以及所能实现的功能。*/

5 测试用例设计说明

5.1 XXX 模块（源文件名称）用例设计

5.1.1 XXX 函数用例设计

测试用例标识：XXX_XXX_01

测试用例描述	测试 DPRAM 读写检查成功的处理过程		
通过判定准则	实际结果中各参数的值与预期结果符合		
测试案例编号	输入说明	预期结果	测试方法
XXX_XXX_01_01	1. 设置获取 DPRAM 控制权成功 2. 设置 DPRAM 写全 1 校验成功，写全 0 校验不成功	函数返回值为 FALSE	无效等价类
XXX_XXX_01_02	1. 设置获取 DPRAM 控制权成功 2. 设置 DPRAM 写全 1 校验不成功，写全 0 校验成功	函数返回值为 FALSE	无效等价类

测试用例标识：XXX_XXX_02

测试用例描述	在输入参数合法、发送周期未到时，软件向 LEU 发送 RS422 数据的处理过程		
通过判定准则	实际结果中各参数的值与预期结果符合即可通过		
测试案例编号	输入说明	预期结果	测试方法
XXX_XXX_01_01	1 输入参数合法：pNode 不为空指针； 2 发送周期未到：pNode->TimerCounter=4899;	无操作，退出	边界值
XXX_XXX_01_02	1 输入参数合法：pNode 不为空指针； 2 发送周期未到：pNode->TimerCounter=100;	无操作，退出	有效等价类

5.2 XXX 模块（源文件名称）用例设计

5.2.1 XXX 函数用例设计

A.3 （单元、组装、确认）测试报告模板

1 范围

1.1 标识

/* 软件产品名称和代号。示例如：

软件产品名称：XXX 应用软件

软件标识及版本号：R/XXXK330-4/Y-X.XX */

1.2 文档概述

/* 说明：文档适用范围；列出任务的提出者、承担者。*/

1.3 依据文件和引用文档

/*列出有关的依据文件和参考文件，依据文件包括设计报告、本文件所引用的文件，参考文件包括用到的软件开发标准和参考资料等。 列出这些文件的名称、编号。*/

2 项目基本信息

2.1 软件概述

/* 说明：软件的标识、编程语言、代码行数、模块（单元）数等。*/

2.2 开发环境概述

/* 说明：软件运行的目标环境、编译环境等。*/

3 测试范围及覆盖率要求

/* 说明针对共多少个函数进行测试。测试覆盖率的指标要求，通常包括语句覆盖率、分支覆盖率、MC/DC 覆盖率均达到 100%。*/

4 单元测试结果

/*包括的内容为：测试模块的数目、测试用例（案例）的数目、发现问题的数目、分支覆盖率、语句覆盖率等。例如：

文件名（每个源文件 1 个表格）							src.c		
序号	函数名	测试人员	用例数	案例数	未执行案例数	未通过案例数	语句覆盖率	分支覆盖率	其他覆盖率
1			5	7	0	1	100%	100%	MC/DC，100%

*/

5 问题汇总及分析

5.1 问题汇总

/*通过对测试结果的分析，对发现的问题及覆盖率没有达到 100%和未达到预期的函数，列出函数所在的文件名称、函数名称，对应测试用例、问题表现等，例如：

问题序号	所在文件	所在函数	对应测试用例（案例）标识	问题表现	备注
1	a.c	com_ok	XXX_XX_04_02_1.01	实际结果与预期结果不一致	无
2	a.c	iop_com	XXX_XX_05_01_1.01	存在无法覆盖的分支	无

*/

5.2 原因分析

/*对上述问题逐个进行分析*/

6 测试结论

/*给出单元测试的整体结论。说明是否已达到预定目标（如，软件实现是否与详细设计一致，覆盖率是否满足要求），能否进入下一个阶段。示例：

（如果有问题）本次单元测试针对 XX 版本，共测试模块 X 个，设计测试用例 X 个，测试案例 Y 个，共有 YY 个测试案例结果与详细设计不一致，共提出 ZZ 个软件问题报告单。

X 个模块语句覆盖率 100％，分支覆盖率 100％，X 个模块覆盖率未达到 100%，针对覆盖率分析结果共提出 X 个软件问题报告单。

（如果没有问题）本次单元测试的结果表明，被测的 X 个程序模块的软件实现与详细设计一致，满足单元测试的要求，可以进行下一步的工作。*/

A.4　组装测试说明模板

1 范围

1.1 标识

/* 软件产品名称和代号。示例如：

软件产品名称：XXX 应用软件

软件标识及版本号：R/XXX330-4/Y-X.XX */

1.2 文档概述

/* 说明：文档适用范围；列出任务的提出者、承担者。*/

1.3 依据文件和引用文档

/*列出有关的依据文件和参考文件，依据文件包括设计报告、本文件所引用的文件，参考文件包括用到的软件开发标准和参考资料等。 列出这些文件的名称、编号。*/

2 项目基本信息

2.1 软件概述

/* 说明：软件的标识、编程语言、代码行数、模块（单元）数等。*/

2.2 开发环境概述

/* 说明：软件运行的目标环境、编译环境等。*/

3 测试范围及覆盖率要求

/* 说明针对哪些函数之间接口进行测试。可给出软件整体或者部分的调用关系图以说明软件的层次及接口关系，并根据该层次关系确定测试范围。测试覆盖性要求，通常包括调用对覆盖率达到 100%。*/

4 测试环境和工具

/*列出进行组装测试所需要的软件和硬件环境，软件环境包括操作系统以及各种相关的应用软件。硬件环境包括所使用计算机等各种设备。*/

/*主要对所使用的测试工具进行必要的介绍。介绍的内容包括本测试工具版本、厂商以及所能实现的功能。*/

5 测试用例设计策略

/* 说明组装策略，是自顶向下还是自底向上。*/

6 测试用例设计说明

6.1 XXX 接口用例设计（非底层函数）

6.1.1 XXX 接口用例设计
测试用例标识：XXX_XXX_01

测试用例描述				
通过判定准则				
测试案例编号	输入说明	调用的函数接口	预期结果	测试方法
XXX_XXX_01_01	3.			无效等价类
XXX_XXX_01_02	3.			无效等价类

测试用例标识：XXX_XXX_02

测试用例描述				
通过判定准则				
测试案例编号	输入说明	调用的函数接口	预期结果	测试方法
XXX_XXX_01_01				无效等价类
XXX_XXX_01_02				无效等价类

6.1.2 XXX 接口用例设计
测试用例标识：XXX_XXX_01

测试用例描述				
通过判定准则				
测试案例编号	输入说明	调用的函数接口	预期结果	测试方法
XXX_XXX_01_01	4.			无效等价类
XXX_XXX_01_02	4.			无效等价类

A.5　组装测试报告模板

1　范围

1.1　标识

/* 软件产品名称和代号。示例如：

软件产品名称：XXX 应用软件

软件标识及版本号：R/XXX330-4/Y-X.XX */

1.2　文档概述

/* 说明：文档适用范围；列出任务的提出者、承担者。*/

1.3　依据文件和引用文档

/*列出有关的依据文件和参考文件，依据文件如设计报告、本文件所引用的文件，参考文件包括用到的软件开发标准和参考资料等。 列出这些文件的名称、编号。*/

2　项目基本信息

2.1　软件概述

/* 说明：软件的标识、编程语言、代码行数、模块（单元）数等。*/

2.2　开发环境概述

/* 说明：软件运行的目标环境、编译环境等。*/

3　组装测试结果

/*包括的内容为：所测试的函数接口、测试用例（案例）的数目、发现问题的数目。例如：

序号	接口描述	用例数	案例数	未执行案例数	未通过案例数
1		5	7	0	1

*/

4 问题汇总及分析

4.1 问题汇总

/*通过对测试结果的分析，对发现的问题及覆盖率没有达到 100%和未达到预期的接口，列出所在的文件名称，接口描述，对应测试用例、问题表现等，例如：

问题序号	所在文件	对应接口（函数调用对）	对应测试用例（案例）标识	问题表现	备注
3.	a.c	com_ok 调用 cancom1	XXX_XX_04_02_1.01	实际结果与预期结果不一致	无
4.	b.c	com_fail 调用 cancom2	XXX_XX_05_01_1.01	参数传递不正确	无

*/

4.2 原因分析

/*对上述问题逐个进行分析*/

5 测试结论

/*给出组装测试的整体结论。说明是否已达到预定目标（如，软件间接口、全局数据设计是否与概要设计一致，覆盖率是否满足要求），能否进入下一个阶段。示例：

（如果有问题）本次组装测试针对 XX 版本，共测试接口 X 个，设计测试用例 X 个、测试案例 Y 个，共有 YY 个测试案例结果与详细设计不一致，共提出 ZZ 个软件问题报告单。

组装测试的调用对覆盖率 XX%，有 X 个调用对没有被覆盖率到，针对覆盖率分析结果共提出 X 个软件问题报告单。

（如果没有问题）本次组装测试的结果表明，被测的各软件接口与概要设计一致，满足组装测试的要求，可以进行下一步的工作。

A.6 确认测试说明模板

1 范围

1.1 标识

/* 软件产品名称和代号。示例如：

软件产品名称：XXX 应用软件

软件标识及版本号：R/XXX330-4/Y-X.XX */

1.2 文档概述

/* 说明：文档适用范围；列出任务的提出者、承担者。*/

1.3 依据文件和引用文档

/*列出有关的依据文件和参考文件，依据文件包括设计报告、本文件所引用的文件，参考文件包括用到的软件开发标准和参考资料等。列出这些文件的名称、编号。*/

2 项目基本信息

2.1 软件概述

/* 说明：软件的标识、编程语言、代码行数、模块（单元）数等。*/

2.2 开发环境概述

/* 说明：软件运行的目标环境、编译环境等。*/

3 测试工具及环境说明

3.1 静态测试工具说明

3.2 动态测试环境说明

/*描述动态测试环境构成及工具功能，示例如下*/

动态测试环境包括两种测试环境：硬平台测试环境和软平台测试环境。

3.2.1 硬平台测试环境

3.2.2 软平台测试环境

3.3 环境差异影响分析

从测试环境与使用环境差异影响分析来看，尽管测试环境与使用环境存在差异，但由环境差异对测评结果带来的影响较小，因此依据此测试环境下获取的测试结果所形成的测评结论可信、有效。

4 测试用例设计说明

本次测试共设计了/*X*/个测试用例，覆盖引用文档/*Y*/ 个测试需求项。

4.1 功能测试设计说明

4.2 性能测试设计说明

4.3 接口测试设计说明

针对该软件的/*XX*/ 项接口需求，对应的测试用例标识如表 A.6-1：

表 A.6-1　接口需求与测试用例对照表

序号	接口需求描述	对应测试需求标识	相关说明	对应接口名称	对应用例标识
1	—	—	—	—	—

4.4 可靠性安全性测试设计说明

针对被测试软件的/*Y*/ 项可靠性安全性需求，对应的测试用例标识如表 A.6-2：

表 A.6-2　可靠性安全性需求与测试用例对照表

序号	可靠性安全性需求描述	对应测试需求标识	相关说明	对应用例标识
1	—	—	—	—

对上述可靠性安全性需求的测试说明如下：

TC-AQ-DATA-001：

/*键入该用例设计思路，比如考虑什么边界情况，什么组合情况，设计过程等*/

TC-AQ-001：

/*键入该用例设计思路，比如考虑什么边界情况，什么组合情况，设计过程等*/

其他项安全性需求已在 4.1 节功能测试用例中进行验证，不需要单独设计测试用例，具体内容参见对应的测试用例说明。

4.5 余量测试设计说明

针对该软件的/*XX*/ 项余量需求，对应的测试用例标识如表 A.6-3：

表 A.6-3　余量需求与测试用例对照表

序号	余量需求描述	对应测试需求标识	相关说明	对应用例标识
1	—	—	—	—

对上述余量需求的测试说明如下：

TC-YL-001：

/*键入该用例设计思路，比如考虑什么边界情况，什么组合情况，设计过程等*/

//DSP 余量测试，需要按照其对应的测试方法进行//

其他项余量需求已在 4.1 节功能测试用例中进行验证，不需要单独设计测试用例，具体内容参见对应的测试用例说明。

4.6 边界测试设计说明

针对该软件的/*XX*/ 项边界需求，对应的测试用例标识如表 A.6-4：

表 A.6-4　边界需求与测试用例对照表

序号	边界需求描述	对应测试需求标识	相关说明	对应用例标识	用例设计的边界值
1	—	—	—	—	—

对上述边界需求的测试说明如下：

TC-BJ-001：

/*键入该用例设计思路，比如考虑什么边界情况，什么组合情况，设计过程等*/

/*针对一边的：大于边界值、等于边界值、小于边界值*/

/*针对两边的：大于低端边界值、等于低端边界值、小于低端边界值、大于高端边界值、等于高端边界值、小于高端边界值*/

其他项边界需求已在 4.1 节功能测试用例中进行验证，不需要单独设计测试用例，具体内容参见对应的测试用例说明。

4.7 数据处理测试设计说明

针对该软件的/*XX*/ 项数据处理需求，对应的测试用例标识如表 A.6-5：

表 A.6-5 数据处理需求与测试用例对照表

序号	数据处理需求描述	对应测试需求标识	相关说明	对应用例标识
1	—	—	—	—

对上述数据处理需求的测试说明如下：

TC-SC-001：

/*键入该用例设计思路，比如考虑什么边界情况，什么组合情况，设计过程等*/

/*对数据处理的过程要专项测试，必要的时候通过软件平台充分进行*/

其他项数据处理需求已在 4.1 节功能测试用例中进行验证，不需要单独设计测试用例，具体内容参见对应的测试用例说明。

4.8 恢复性测试设计说明

针对该软件的/*XX*/ 项恢复性需求，对应的测试用例标识如表 A.6-6：

表 A.6-6 恢复性需求与测试用例对照表

序号	恢复性需求描述	对应测试需求标识	相关说明	对应用例标识
1	—	—	—	—

对上述恢复性需求的测试说明如下：

TC-HF-001：

其他项恢复性需求已在 4.1 节功能测试用例中进行验证，不需要单独设计测试用例，具体内容参见对应的测试用例说明。

4.9 人机交互界面测试设计说明

针对被测试软件的/*XX*/项人机交互界面测试需求，对应的测试用例标识如表 A.6-7：

表 A.6-7 人机交互界面需求与测试用例对照表

序号	人机交互界面	人机交互界面需求描述	对应测试需求标识	相关说明	对应用例标识
1	按钮或菜单等界面名称		TR-RJ-001	常规操作	TC-RJ-001
2	…				…
3	罗列测试需求中的所有人机交互界面			/*说明对应技术要求的哪个条目*/	….

/*依次对上述的测试用例进行用例设计说明，示例如下*/

对上述人机交互界面需求的测试说明如下：

TC-RJ-001：该用例测试模式选择开关的处理及工作模式显示情况；考虑从测量模式切换为校准模式和从校准模式切换为测量模式的处理。该用例覆盖需求项 TR-RJ-001、TR-RJ-002、TR-RJ-011。

其他项人机交互需求已在 4.1 节功能测试用例中进行验证，不需要单独设计测试用例，具体内容参见对应的测试用例说明。

4.10　安装性测试设计说明

针对被测试软件的/**/项安装性测试需求，对应的测试用例标识如表 A.6-8：

表 A.6-8　安装性需求与测试用例对照表

序号	安装性需求描述	对应测试需求标识	相关说明	对应用例标识
1		TR-AZ-001		TC-AZ-001
2		…		
3	罗列测试需求中的所有安装性需求		/*说明对应技术要求的哪个条目*/	

对上述安装性需求的测试说明如下：

TC-AZ-001：

/*键入该用例设计思路，比如考虑什么边界情况，什么组合情况，设计过程等*/

4.11　文档审查设计说明

针对被测试软件的文档审查，安排在测试前期进行，本次文档审查对象为/*《所有被审查的文档名称》*/。测试人员逐条核对文档检查单并记录结果，形成文档审查结果报告，在此不专门设计测试用例。

4.12　代码审查设计说明

针对被测试软件的代码审查，安排在测试前期进行，其中编程规范类的检查单由测试工具/*SSIA for X86 1.02\ SSIA for ASM51 1.02\ SpecChecker1.00:根据代码编程语言选择 */自动分析。审查结果形成代码审查结果报告，针对代码审查不专门设计测试用例。

4.13　静态分析设计说明

针对被测试软件的静态分析测试需求 TR-JF-ALL，用例设计说明如下：

TC-JF-ALL：针对被测试软件，使用工具/*如 Testbed for C/C++　7.8.0*/进行静态分析工作，本次静态分析完成全部源代码的控制流、数据流、接口及表达式分析，具体说明如下。

4.14　代码走查设计说明

针对本次代码走查对应的模块/*罗列模块名*/，依据引用文档/*设计报告编号*/及代码审查的分析，其对应的输入参数有/*参数名称及变量名*/，输出参数有/*参数名称及变量名*/。上述模块相关的需求项描述见引用文档/*测试需求编号/**/节的 TR-GN-

102

YYY-001~00i，本次测试共设计了/**/个用例：

TC-DZ-YYY-001：该用例测试/*键入软件当前输入条件*/ 的处理情况；/*键入该用例设计思路，比如考虑什么边界情况，什么组合情况等*/ ；

......

/*此处的用例表中的输入数据均为当前模块的输入参数；预期结果均为当前模块的输出参数的预期值；操作步骤为设置输入参数为何值*/

上述用例覆盖引用文档/*第三方测试需求文档编号*/ 中的需求 TR-GN-YY-001~00i。

4.15 逻辑测试设计说明

模块/*罗列模块名*/，依据引用文档/*设计报告编号*/及代码审查的分析，功能"具体功能名称"对应的模块包括/*罗列模块名*/。其中/**/模块对应的输入参数有/*参数名称及变量名*/，输出参数有/*参数名称及变量名、*/....../*说明所有模块*/。上述模块相关的数据流程图如下：

/*有几个模块，画几个模块的流程图，并针对每个分支给出编号，以得出路径，并针对每个流程图定义路径 1～路径 i 等对应的语句编号*/

本次测试根据上述流程图进行用例设计，以使语句覆盖率、分支覆盖率和路径覆盖率均为 100%，具体用例设计说明如下：

TC-LJ-YYY-001：该用例测试/*键入软件当前输入条件*/ 的处理情况，覆盖路径 X 的处理；

......

上述用例覆盖引用文档/*测试需求文档编号*/ 中的需求 TR-LJ-YYY。

/*此处的用例表中的输入数据均为当前模块的输入参数；预期结果均为当前模块的输出参数的预期值；操作步骤为设置输入参数为何值*/

/*如果没有单元测试，只有所有用例的覆盖率统计时，相关的用例设计示例如下*/

本次测试用例设计是在全面的需求分析的基础上进行的，为保证测试的充分性，使用覆盖率统计工具/*工具名称和版本号*/对所有用例执行后覆盖的语句和分支进行统计，并标明未执行的语句和分支。测试人员根据分析覆盖率信息，确认是否需要补充用例，并对最终未执行的语句和分支进行分析和确认。具体的统计结果由工具自动完成，在此不专门设计测试用例。

5 测试用例覆盖性说明

针对被测试软件，本次共设计/*XX*/ 个测试用例，对应测试需求的覆盖情况详见表A.6-9 说明。

表 A.6-9　测试用例与测试需求对应表

序号	测试需求标识	测试项概述	对应测试用例标识
1	—	—	—

上表中有/*XX*/个测试需求项为不可测试项，通过人工分析方式进行确认，具体说明如表 A.6-10 所示：

表 A.6-10　不可测试项汇总表

序号	测试需求标识	对应测试用例
1.		
2.		
3.		

6　测试结果形式

本次测试的各个阶段均要形成记录，并归档保存。

附录 B 测试用例表

/*软件标识号*/ -JJL-YL-/*版本号*/ -TC-GN-001

用例名称	/*描述本用例的核心目的：如格式异常的总线指令测试*/		测试环境	硬平台测试环境或者软平台测试环境，二者选一
测试目的	/*严格按照正文要求填写*/			
覆盖测试需求项			章节号	
测试类型				
前提和约束				
初始设置				
测试输入				
序号	测试步骤	预期结果		实际结果
1				—
2				—
3				—
评估准则				
终止条件	Z1：测试用例按照所设计的操作步骤完成，测试正常终止；Z2：测试用例不能按照所设计的操作步骤完成，测试异常终止			
问题报告单	—		测试结论	—
设计人员		设计日期	测试人员 —	测试日期 —

参 考 文 献

[1] 郑人杰. 计算机软件测试技术[M]. 北京：清华大学出版社，1992.

[2] Myer G. 软件测试的艺术. 王峰，陈杰译. 北京：机械工业出版社，2006.

[3] 孙海英，等. 软件测试方法与应用[M]. 北京：中国铁道出版社，2009.

[4] 柳纯录. 软件评测师教程[M]. 北京：清华大学出版社，2005.

[5] 朱少民. 软件测试方法和技术[M]. 北京：清华大学出版社，2005.

[6] 古乐，史九林. 软件测试案例与实践教程[M]. 北京：清华大学出版社，2004.

[7] KANER C，等. 计算机软件测试[M]. 王峰，等译. 北京：机械工业出版社，2004.

[8] MARICK B. 软件子系统测试[M]. 韩柯，等译. 北京：机械工业出版社，2003.

[9] PERRY W E. 软件测试的有效方法[M]. 兰雨晴，等译. 北京：机械工业出版社，2004.

[10] 张大方，李玮. 软件测试技术和管理[M]. 长沙：湖南大学出版社，2007.

[11] 上海艾微软软件技术有限公司. 软件测试技术概论[M]. 北京：清华大学出版社，2004.

[12] JORGENSEN P C. 软件测试[M]. 2 版. 北京：电子工业出版社，2006.

[13] DUSTIN E. 有效软件测试：提高测试水平的 50 条建议[M]. 北京：中国电力出版社，2004.

[14] 林锐，韩永泉. 高质量程序设计指南[M]. 北京：电子工业出版社，2003.

[15] WIEGERS K E. 软件同级评审[M]. 北京：机械工业出版社，2003.

[16] CRAIG R D, JASKIEL S P. 系统的软件测试[M]. 北京：电子工业出版社，2003.

[17] Mark Fewster, Dorothy Graham. 软件测试自动化技术. 舒志勇，等译. 北京：电子工业出版社，2001.